# Mosaik des Alterns

*Kopfstand*, 1991. Bronze von Marcel Perincioli (1911–2005). Haltung auf einem Granitwürfel aus Vals (Schweizer Alpen). (Foto mit Sony Kamera 7 III, Copyright by wpw 2022)

Urs Nydegger · Thomas Lung

# Mosaik des Alterns

Biochemische und genetische Einblicke
in die menschliche Lebensspanne

Urs Nydegger
Medizinisches Labor Dr. Risch
Liebefeld, Schweiz

Thomas Lung
Medizinisches Labor Dr. Risch
Buchs, Schweiz

ISBN 978-3-031-94027-9     ISBN 978-3-031-94028-6 (eBook)
https://doi.org/10.1007/978-3-031-94028-6

Dieses Buch ist eine Übersetzung des Originals in Englisch „Senescence Back and Forth" von Urs Nydegger und Thomas Lung, publiziert durch Springer Nature Switzerland AG im Jahr 2023. Die Übersetzung erfolgte mit Hilfe von künstlicher Intelligenz (maschinelle Übersetzung). Eine anschließende Überarbeitung im Satzbetrieb erfolgte vor allem in inhaltlicher Hinsicht, so dass sich das Buch stilistisch anders lesen wird als eine herkömmliche Übersetzung. Springer Nature arbeitet kontinuierlich an der Weiterentwicklung von Werkzeugen für die Produktion von Büchern und an den damit verbundenen Technologien zur Unterstützung der Autoren.

Übersetzung der englischen Ausgabe: „Senescence Back and Forth" von Urs Nydegger und Thomas Lung, © The Editor(s) (if applicable) and The Author(s), under exclusive license to Springer Nature Switzerland AG 2023. Veröffentlicht durch Springer International Publishing. Alle Rechte vorbehalten.

Die Deutsche Nationalbibliothek verzeichnet diese Publikation in der Deutschen Nationalbibliografie; detaillierte bibliografische Daten sind im Internet über https://portal.dnb.de abrufbar.

© Der/die Herausgeber bzw. der/die Autor(en), exklusiv lizenziert an Springer Nature Switzerland AG 2025

Das Werk einschließlich aller seiner Teile ist urheberrechtlich geschützt. Jede Verwertung, die nicht ausdrücklich vom Urheberrechtsgesetz zugelassen ist, bedarf der vorherigen Zustimmung des Verlags. Das gilt insbesondere für Vervielfältigungen, Bearbeitungen, Übersetzungen, Mikroverfilmungen und die Einspeicherung und Verarbeitung in elektronischen Systemen.
Die Wiedergabe von allgemein beschreibenden Bezeichnungen, Marken, Unternehmensnamen etc. in diesem Werk bedeutet nicht, dass diese frei durch jede Person benutzt werden dürfen. Die Berechtigung zur Benutzung unterliegt, auch ohne gesonderten Hinweis hierzu, den Regeln des Markenrechts. Die Rechte des/der jeweiligen Zeicheninhaber*in sind zu beachten.
Der Verlag, die Autor*innen und die Herausgeber*innen gehen davon aus, dass die Angaben und Informationen in diesem Werk zum Zeitpunkt der Veröffentlichung vollständig und korrekt sind. Weder der Verlag noch die Autor*innen oder die Herausgeber*innen übernehmen, ausdrücklich oder implizit, Gewähr für den Inhalt des Werkes, etwaige Fehler oder Äußerungen. Der Verlag bleibt im Hinblick auf geografische Zuordnungen und Gebietsbezeichnungen in veröffentlichten Karten und Institutionsadressen neutral.

Planung/Lektorat: Stefanie Wolf
Springer Spektrum ist ein Imprint der eingetragenen Gesellschaft Springer Nature Switzerland AG und ist ein Teil von Springer Nature.
Die Anschrift der Gesellschaft ist: Gewerbestrasse 11, 6330 Cham, Switzerland

Wenn Sie dieses Produkt entsorgen, geben Sie das Papier bitte zum Recycling.

*Dieses Buch ist gewidmet
Damiano Castelli und Gert Risch
mit ihrem Tribut an das Rote Kreuz und der
Patientenversorgung vom Labortisch aus.*

# Vorwort

Dieses Buch handelt vom lebenslangen Altern des Menschen. Die grundlegenden biochemischen und genetischen Mechanismen sind wenig bekannt und unterscheiden sich zwischen Individuen. Wir beginnen mit der Erforschung der Pflanzen- und Tierwelt, um Fragen über das menschliche Altern zu beantworten, die zum Verständnis notwendig sind.

Zuerst untersuchen wir die ablaufende Zeit und was "normal" bedeutet, mit Auswirkungen auf das Genom und dessen Funktion. Altern geht über biochemische Entgleisungen hinaus, die durch Medikamente behandelt werden können, um die Seneszenz herunterzuregulieren. Eine frühe Diagnose mit standardmäßigen medizinischen Labortests, die hier behandelt werden, bringt Licht ins Dunkel, mit einem Fokus auf Grundlagenforschung. Werkzeuge wie Maschinelles Lernen und DNA-Technologie, z. B. Genomik, haben bereits überraschende Einblicke in der Altersforschung geliefert.

Die Kapitel beschäftigen sich in weiterer Folge mit der Seneszenz des gesamten Organismus, basierend auf dem variablen Altern einzelner Organe, die in neuronale Netzwerke eingebettet sind. Psychologische Stressfaktoren, Demenz im Gegensatz zu Wachsamkeit und die Unterscheidung des Alterns von der offensichtlichen Krankheit werden im Buch gegenübergestellt. Seneszenz, als Einbahnstraße gesehen, kann in Verjüngung umgekehrt werden – möglich durch Einblicke in die Seneszenz des Immunsystems und genomische Ansätze.

Risikomanagement in der Krankenversicherung findet wichtige Hinweise. Die Themen behandeln die Lebenserwartung über die Altersgruppe der Hundertjährigen hinaus; Pflegekräfte und die Pharmaindustrie sind eingeladen zu verstehen, was bei Senioren passiert, um ihre geriatrische Bevölkerung fit oder gebrechlich zu machen.

Es wurden erhebliche Anstrengungen unternommen, um die Quellen korrekt zu zitieren und den Urheberrechtsinhaber jeder haftbaren Abbildung, jedes Bildes und jeder Zitation zu nennen.

Gender-Disclaimer: Zur besseren Lesbarkeit wird das generische Maskulinum verwendet. Die in diesem Buch verwendeten Personenbezeichnungen beziehen sich – sofern nicht anders kenntlich gemacht – auf alle Geschlechter.

Bern, Schweiz Urs Nydegger
Hohenems, Österreich Thomas Lung

# Danksagungen

Die Autoren möchten sich bei ihren Ehefrauen für ihr Verständnis und ihre Unterstützung beim Verfassen dieses Buches herzlich bedanken.

Die Probanden der SENIORLABOR-Studie zeigten großes Interesse an den Ergebnissen und waren inspirierend für eine Studie über Seneszenz. Ohne ihre Teilnahme hätte Seneszenz für die Autoren nur Alter bedeutet!

Die Risch-Brüder, Lorenz Risch und Martin Risch, griffen ohne Zögern die Idee ihres Vaters Gert Risch auf, die Referenzintervalle der meisten routinemäßigen medizinischen Labortests genau zu betrachten. Ohne ihren Enthusiasmus wäre Seneszenz nichts weiter als ein Nebenschauplatz der Labormedizin gewesen. Auf der Liste der Danksagungen weitergehend war unsere Studienkrankenschwester, Frau Elisabeth Lenggenhager, am Wohl der Probanden interessiert und widmete Stunden ihrer Zeit Gesprächen mit ihnen und dem Aufbau einer Probandengemeinschaft. Pasquale Di Cesare, unser intellektueller Begleiter als ethische Person und unter dem medizinischen Personal des Universitätsspitals Inselspital Bern, insbesondere Zeno Stanga, beriet die Studie. Birgit Wessling und Simone Inderbizin waren aktive Sekretärinnen, unterstützt von Madeleine Lehmann, um die Studie zu Beginn zum Laufen zu bringen. Zuletzt schlossen sich jüngere Kollegen dem SENIORLABOR an, Benjamin Sakem und Andreas Hemmerle waren die aktivsten, wobei Andreas Hemmerle für die Erstellung von Abbildungen und die redaktionelle Formatierung des Manuskripts verantwortlich war. Stefan Hardy Lung, verdanken wir die computergrafische Unterstützung zu den Abbildungen der deutschen Übersetzung. Andres Nydegger, Dipl. Arch. ETH, Zürich, Schweiz, danken wir für seine anfänglichen ethischen Beiträge. Die Gastroenterologie-Klinik von Jean-Pierre Gutzwiller und Andreas Cerny vom Epatocenro Moncucco, Lugano, öffnete die Türen zur hepatischen Seneszenz. Werner P. Wegmüller ist WPW, der Fotograf. Uschi Schwärzler ist die Mosaikkünstlerin, Mosaico del Sole, Österreich. Die redaktionelle Präzision, die von SPRINGER NATURE bereitgestellt wird, ist von unschätzbarem Wert. Der Beitrag des Museums für Naturgeschichte, Bern, Schweiz, wird mit Freude und Dank anerkannt.

**Interessenkonflikte** Die Autoren haben keine für den Inhalt dieses Manuskripts relevanten Interessenkonflikte.

# Inhaltsverzeichnis

| | | |
|---|---|---|
| **1** | **Zeit** | 1 |
| | 1.1 Seneszenz ist zeitabhängig | 1 |
| | 1.2 Die Eranos-Vorträge von Monte Verità | 3 |
| | 1.3 Seneszenz in Bewegung | 4 |
| | 1.4 Auf der Suche nach Weisheit – was kommt als Nächstes | 8 |
| | 1.5 Segen und Fluch | 9 |
| | Literatur | 15 |
| **2** | **Genetik – Die Sprache der Proteomik** | 17 |
| | 2.1 Manipulieren der Hin- und Zurück-Bedeutung mit Genomik | 17 |
| | 2.2 Genscheren-Technologie – CRISPR | 27 |
| | Literatur | 29 |
| **3** | **Seneszenz bei Pflanzen** | 31 |
| | 3.1 Pflanzen, gute Beispiele für Seneszenz-Informationen | 31 |
| | Literatur | 39 |
| **4** | **Seneszenz bei Tieren** | 41 |
| | 4.1 Zoologische Seneszenz | 41 |
| | Literatur | 48 |
| **5** | **Verjüngung/Regeneration** | 49 |
| | 5.1 Ein Ausschalt-Knopf AUS kann etwas anderes EINschalten | 49 |
| | 5.2 Seneszenz und Religion | 51 |
| | 5.3 Unsterblichkeit in ihrer besten Form | 51 |
| | 5.4 Selbstmord | 54 |
| | 5.5 Organtransplantationen | 60 |
| | 5.6 Künstliche Organe (Unterscheidung zwischen zellulären Organen und künstlichem Material) | 60 |
| | 5.7 3D-Bioprinting | 61 |
| | 5.8 Lebend-Transplantation | 63 |
| | 5.9 Xenotransplantation | 64 |
| | Literatur | 65 |

| 6 | **Überschneidung Seneszenz/Chronische Krankheit** | 67 |
|---|---|---|
| | 6.1 Mehrdeutigkeit zwischen zwei verschiedenen medizinischen Zuständen | 67 |
| | 6.2 Beispiele für Seneszenzstudien | 72 |
| |     6.2.1 Georgia Centenarian Study | 72 |
| |     6.2.2 Yale Y-Age | 72 |
| |     6.2.3 Centenarians in Iowa | 73 |
| |     6.2.4 Banner Alzheimer's Institute | 73 |
| |     6.2.5 Die Baltimore Longitudinal Study of Aging (BLSA) | 73 |
| |     6.2.6 PolSenior 2 | 73 |
| |     6.2.7 DO-HEALTH | 74 |
| |     6.2.8 SENIORLABOR-Studie | 74 |
| | Literatur | 75 |
| 7 | **Mosaik des Alterns** | 77 |
| | 7.1 Vielfältige Seneszenz im selben Individuum | 77 |
| | 7.2 Reparatur/Verjüngung von seneszenten/alternden Organen | 81 |
| | 7.3 Das alternde Gedächtnis und wie man Gedächtnis misst | 87 |
| | 7.4 Typenjäger | 93 |
| | 7.5 Größere Gehirne | 94 |
| | 7.6 Herz und Gefäßbaum | 94 |
| | 7.7 Lungen | 95 |
| | 7.8 Pleura | 95 |
| | 7.9 Leber | 96 |
| | 7.10 Pankreas | 96 |
| | 7.11 Darm | 96 |
| | 7.12 Vielfalt in ihrer besten Form | 97 |
| | Literatur | 98 |
| 8 | **Verbleibendes Leben** | 99 |
| | 8.1 Blick in den Rückspiegel | 99 |
| | 8.2 Was die Zukunft bringen könnte | 104 |
| | 8.3 Was wir bisher wissen | 104 |
| | 8.4 Was die Zukunft zeigen wird | 105 |
| | Literatur | 105 |
| 9 | **Medizinische Labortechnik** | 107 |
| | 9.1 Feuer-und-Schwefel-Predigt | 107 |
| | 9.2 Was die Zukunft zeigen wird | 111 |
| | 9.3 Altersdurchdringung häufiger Krankheiten | 114 |
| |     9.3.1 Gesundheitstests | 114 |
| | 9.4 Metabolisches Profil | 117 |
| | 9.5 Altern, Kennzeichen und Biomarker | 118 |
| | 9.6 Laboruntersuchungen als Biomarker des Alterns | 122 |
| |     9.6.1 Hämatologische und verwandte Aspekte | 125 |
| | 9.7 Ferritin | 129 |

|       | 9.8  | Glukosestoffwechsel .................................. 130 |
|       | 9.9  | Referenzintervalle aus der SENIORLABOR-Studie ............ 131 |
|       | 9.10 | Das Komplementsystem ................................ 132 |
|       |      | Literatur ............................................. 134 |

**10  Geroprotektor** ............................................. 137
    10.1  Technische und medizinische Möglichkeiten ................ 137
    10.2  Einigung über gewünschte Metriken ...................... 139
    10.3  Sofortige Maßnahmen ................................. 140
    Literatur ................................................. 143

**11  Hannibal ante portas** ....................................... 145
    11.1  Hoffnungsvolle oder gefährliche Zukunft ................... 145

**Anhang** .................................................... 147

**Glossar** .................................................... 149

# Über die Autoren

**Urs Nydegger,** M.D. (Erstautor)
ORCID ID 0000-0002-2584-5873
Geboren 1941 in Bern, Schweiz. Für das Medizinstudium besuchte er die Universität Bern. Im Jahr 2022 beendet der Autor ein 12-jähriges Teilzeitengagement als medizinischer Berater für die Medizinischen Laboratorien Dr. Risch, ein in Liechtenstein ansässiges Unternehmen, das sich der Exzellenz in der klinischen Labordiagnostik widmet. Nydegger half, vernachlässigte Referenzintervalle von Labortests für ältere Menschen zu etablieren. Alumnus und Professor der Universität Bern, wo er Leiter der Blutbank (1985–2001) und der medizinischen Forschung in der kardiovaskulären Abteilung (bis 2006) war. Klinische Ausbildung: Universitätsspitäler Bern und Genf; Facharzt für Innere Medizin FMH und Hämatologie FMH. Alumnus der Harvard Medical School, Boston, MA, USA, am Robert B. Brigham Hospital (1976–1978). U. Nydeggers wissenschaftliche Beiträge gipfeln in einem Citation Classic über den Nachweis zirkulierender Immunkomplexe und mit ABO-Histoblutgruppen-inkompatibler Transplantation; die am häufigsten zitierten Studien betreffen die Biokompatibilität künstlicher Organe.

**Thomas Lung,** Dr. rer. nat. (Mitautor)
ORCID ID 0000-0002-0341-0385
Geboren 1966 in Bregenz, Österreich. Lung interessierte sich für das Studium der Seneszenz, während er an der Universität Innsbruck, am Institut für Biomedizinische Alternsforschung, Österreichische Akademie der Wissenschaften, war. Seitdem arbeitet er in der Schweiz als Laborleiter für Klinische Immunologie, FAMH, in zwei privaten medizinischen Labordienstleistungsinstitutionen. Er blieb interessiert an Referenzintervallen von medizinischen Labortests, die sich je nach Alter der Patienten unterscheiden. Die SENIORLABOR-Studie brachte sein Interesse zu Projekten, die von den Dr. Risch Laboratorien gesponsert wurden und an denen unter anderem Nydegger teilnahm. Die Ergebnisse umfassen mehrere Peer-reviewed Originalberichte mit Lung als Erstautor. Ein großer Teil dieser Arbeiten, die nicht immer in unserem Buch referenziert sind, dient als Grundlage für die Relevanz der Seneszenzforschung im boomenden Bereich der Labormedizin. Wenn es seine Routinearbeit im Labor erlaubt, engagiert sich Lung intensiv als Ausbildner für Laborleiter:innen und Biomedizinische Analytiker:innen.

# Abbildungsverzeichnis

Abb. 1.1 Mit FAMH-Standards müssen nicht weniger als die Ergebnisse von 120 Proben in einem Diagramm dargestellt werden. Die ideale Verteilung erscheint als eine glockenförmige Kurve, deren mittleres oberes Maximum eine maximale Wahrscheinlichkeit darstellt, die die folgende Probe (Analyse) anzeigen wird. Die Expositionsvariable kann in Querschnittsstudien verglichen werden; Datenerhebung und klinisches Ergebnis können gleichzeitig analysiert werden, wodurch die Merkmale der Probe mit anderen Studienassoziationen von Interesse beschrieben werden (Biostatistik). FAMH (FOEDERATIO ANALYTICORUM MEDICINALIUM HELVETICUM): Die medizinischen Labore der Schweiz . . . . . . . . . . . . . . . . . . . . . . 12

Abb. 1.2 Flugverhalten von Raubvögeln. Vogelbeobachter können die Art der Raubvögel anhand der Flugbahn erkennen, die sie verfolgen, während sie sich auf ein Opfer stürzen: Die meisten Arten stürzen sich direkt nach unten (linker Teil der Abbildung), während andere, Ausnahmen, einen Zwischenstopp einlegen, um festzustellen, ob es sich lohnt (rechter Teil der Abbildung). Bayes' Theorem untersucht, ob alle Flugmuster gleich sind, und argumentiert mathematisch, dass Ausnahmen von einem p-Wert < 0,005 ebenfalls normal sein können . . . 12

Abb. 2.1 DNA-Leiter mit ihren Sprossen. Die Sprossen der DNA-Leiter bestehen aus Paaren von vier Chemikalien, den sogenannten Basen, abgekürzt A, C, T, G. Ihr Rückgrat ist eine monotone Kette aus Zuckern und Phosphaten. Der Informationsgehalt liegt in diesen Basen, die im Inneren angeordnet sind, wobei A mit T und C immer mit G paart. Dies ist der Code des Lebens. Wissenschaft und Geheimnis vereinen sich, wenn Bill Clinton (*1946) zu Francis Collins (*1950) sagt: „Wir lernen die Sprache, in der Gott das Leben erschaffen hat." Darüber hinaus lernen wir, die Sequenz der DNA-Komponenten zu manipulieren, um so das Genom zu verändern. Die Einzelzellgenomik steht vor der Tür . . . . . . . . . . . . . . . . . . . . . . . . . . . . . . . . . . . . . . . . . . . . . 21

Abb. 2.2   Durch Helikase induzierte DNA-Spaltung. DNA-Histone bieten der DNA strukturelle Unterstützung. Damit DNA-Moleküle, selbst die sehr langen, in den Zellkern passen, müssen sie sich um Komplexe von Histonproteinen wickeln, was zu einer kompakteren Form führt. Einige Varianten von Histonen sind mit der Regulation der Genexpression verbunden, und viele von uns glauben, dass dies etwas mit der Seneszenz zu tun hat, die die Lebensuhr beeinflusst. Helikase kann als Motor angesehen werden, der die Basenpaarungsenergie der DNA aufbricht. Patienten mit der beschleunigten Alterungskrankheit Werner-Syndrom zeigten eine unausgeglichene Helikase-Aktivität. Quae veritati operam dat, incomposita sit et simplex. (Seneca, Brief 40: Der Stil, den wir hier anwenden müssen, muss unkompliziert und einfach sein).............................   22

Abb. 2.3   Genomik als Rückgrat der Proteomik. Die Struktur und Funktion von Proteinen werden im Detail durch DNA-Sequenzen programmiert. Dieses Diagramm zeigt grob die Beziehung zwischen Genomik und Proteomik. Jede Proteinanalyse hängt zu 100 % von der DNA-Programmierung mit RNA zur ribosomalen Montage ausgewählter Aminosäuren ab ........   25

Abb. 3.1   *Chimonanthus praecox* (Wintersweet, Chinesische Winterblüte). Man könnte annehmen, dass Wintersweet versucht, die Seneszenz zu verhindern, indem es früh blüht. (Foto von U. Nydegger) .........................................   32

Abb. 3.2   Alter Olivenbaum. Etwa 700 Jahre alter Olivenbaum in Cuglieri (Sardinien, Italien). (Foto mit Copyright von WPW) .....   34

Abb. 3.3   Blatt-Seneszenz. Sobald der Sommer vorbei ist, verliert Chlorophyll (C55H72O5N4Mg) Magnesium und ändert das Lichtspektrum von grün zu gelb (oder rot). Die Laubsaison in Neuengland, USA, ist für den Beobachter wunderbar .........   35

Abb. 3.4   Bonsai – ein Ahorn, noch jung, etwa 20 Jahre. Von seiner natürlichen Umgebung getrennt, im Garten von U. Nydegger, in einem Vorort von Bern, Schweiz, kultiviert, folgt er den jahreszeitlichen Veränderungen (hier aufgenommen im März 2022, links und Mai, rechts). Die asiatischen Kulturen kennen Bonsai-Kulturen seit über 1000 Jahren. Die Idee, einen Bonsai zu züchten, besteht darin, eine miniaturisierte, aber realistische Darstellung der Natur in Form eines Baumes zu schaffen. Das saisonale Laub des Elternbaums wird beibehalten. Bonsais sind genetisch identisch mit ihrer ausgewachsenen Version; Bonsais sind nicht-zwergwüchsige Pflanzen – jede Baumart kann verwendet werden, um einen zu ziehen. (Foto WPW) .......   36

| | | |
|---|---|---|
| Abb. 3.5 | Fichten- und Ahornholz verbinden sich, um eine Rémy-Geige zu bauen. Die Zargen und der Boden sind aus Ahorn, und die Wölbung ist aus Kiefer. Die besten Hölzer, insbesondere für die Decken, wurden über viele Jahre in großen Keilen abgelagert, und der Abklingprozess setzt sich unbegrenzt fort, nachdem die Geige hergestellt wurde. (Foto von U. Nydegger) | 38 |
| Abb. 4.1 | *Caenorhabditis elegans*, ein kleiner Nematode. Der Pionier in der Langlebigkeit – die Verlängerung der Seneszenz in ihrer besten Form bietet ein Werkzeug im Forschungslabor. Die Autoren erinnern sich an die Flut von Forschungsartikeln, die um 1980 begannen, als die Genetik dieses freilebenden Wurms bekannt wurde, weitgehend bestätigt durch immer präzisere genomische Techniken. Man kann nun die Seneszenz in diesen Tieren übersteuern, um ihr Überleben um das Doppelte zu verlängern. *Caenorhabditis elegans* bietet ein zuverlässiges System, um verschiedene Merkmale zu studieren, sogar unter Primaten, aufgrund seiner genetischen Zugänglichkeit und seines invarianten, kompakten Nervensystems (~ 300 Neuronen), das auf der Ebene der DNA-Sequenzierung bekannt ist. Darüber hinaus besitzt das Nervensystem des Nematoden trotz (und vielleicht: wegen) seiner kompakten Natur ein hohes Maß an Konservierung mit Säugetiersystemen | 42 |
| Abb. 4.2 | Papageien sind intelligente und langlebige Vögel. Psittaciformes. Papageien. Unterklasse Neornithes, Klasse Aves. Ordnung 22. Dieser Papagei mit einem kräftigen Schnabel hat einen beweglichen Oberkiefer auf dem Stirnbein des Schädels, was ihm ermöglicht, Wörter wie Menschen zu artikulieren. Papageien genießen ein langes Leben (Kākāpō: 40–80 Jahre). Die Gerontologie der Psittacinen könnte wichtige Einblicke in die menschliche Seneszenz offenbaren. Die jüngste Literatur erforscht die Seneszenz bei diesen Vögeln. Präparierter Vogel Grünflügelara (*Ara chloropterus*), Sammlung des Naturhistorischen Museums Bern, Schweiz (NMBE). (Foto von Frau Nelly Rodriguez) | 43 |
| Abb. 4.3 | Sphinx. Eine alte ägyptische Sphinx besteht aus einem menschlichen Kopf auf einem Löwenkörper, wodurch menschliche Einsichten mit tierischer Kraft kombiniert werden. Andere Statuen des alten Ägyptens verbinden Menschen und Tiere – die beeindruckendste für die Autoren ist die Königin Tawaret (664–610 v. Chr.) aus der 26. Dynastie der Herrschaft von Psametik. (Foto von U. Nydegger) | 47 |

Abb. 5.1   Gesicht – Stopp der Seneszenz. Ästhetische plastische Chirurgie (d. h. kosmetische Chirurgie) ist eine Subspezialität der allgemeinen Chirurgie, die biochemische Erkenntnisse über Teile des menschlichen Körpers nutzt. Sie bezieht sich auf Verfahren, die das Aussehen von Gesicht und Körper verbessern und schwer verletzten Patienten helfen. Methoden umfassen Bauchdeckenstraffung, Brustvergrößerung, Brustverkleinerung, Augenlidoperation, Nasenkorrektur (Rhinoplastik), Facelifting und Entfernung sowie Hinzufügung von autologem Fett. Die plastische Chirurgie zieht ihre Fortschritte aus anderen Bereichen der Medizin, z. B. der Transfusion, Allo- und in letzter Zeit Xenotransplantation. Abstoßung von Transplantaten ist selten ein Problem ............................................. 53

Abb. 5.2   Seneszenz ist ein multifaktorielles Ereignis. Telomerschäden, epigenetische Dysregulation, DNA-Brüche und mitochondrialer Stress sind primäre Treiber von Schäden im Alterungsprozess. Mehrere dieser Schadensverursacher können Seneszenz induzieren. Seneszenz kann wiederum die daraus resultierenden Alterungsmerkmale als Reaktion auf Schäden antreiben: Stammzellenerschöpfung und chronische Entzündung. Andere Reaktionen auf Schäden, wie Proteostase-Dysfunktion und Störung der Nährstoffsignalisierung, sind ebenfalls eng mit der Seneszenzreaktion verbunden (modifiziert von Stefan Hardy Lung) ................ 56

Abb. 6.1   *Der Raucher*. Werner Otto Leuenberger (1932–2009), ein Mitglied der Berner Avantgarde-Künstler, oft mit einer Zigarette auftretend, stellt Rauch eindrucksvoll dar (obere rechte Ecke des Gemäldes), Öl auf Leinwand 1981, 100 × 80 cm. (Foto: die Autoren) ................................................ 69

Abb. 7.1   Mosaik mit dem Titel *Star of Blues*. Eng aneinander liegende, verschiedenfarbige, kleine Glasstücke und Perlen. Der menschliche Körper ähnelt einem Mosaik, in dem jeder Stein seinem eigenen Altern nachgeht. Stellen Sie sich die Unterschiede in Histologie und Stoffwechsel zwischen so unterschiedlichen Organen wie dem Gehirn und der Leber vor. Die Endothelzellen des Darms werden innerhalb von Stunden zerstört/erneuert – andere Zellen wie Hepatozyten und Gehirn- und Nervenzellen bleiben viel länger erhalten. (Copyright von Uschi Schwärzler, Mosaikkünstlerin) ....................... 78

| | | |
|---|---|---|
| Abb. 7.2 | Jedes Organ, das einen menschlichen Körper bildet, weist sein eigenes Altern auf. Die Belastung jedes Organs durch Stress, Abnutzung und Verschleiß unterscheidet sich zwischen den Organen. Der Darm arbeitet ununterbrochen und steht unter neurologischer Kontrolle des Nervus vagus, eines autochthonen Nervs, den wir nicht kontrollieren. Das parasympathische Nervensystem ist ein Teil des Nervensystems, das hauptsächlich viszerale Organe wie Darm und Drüsen moduliert. Das parasympathische System ist eines von zwei antagonistischen Nervensystemen des autonomen Nervensystems. In dieser Skizze von Th. Lung sind der Nervus vagus, das reichhaltige abdominale Lymphsystem und der Harnapparat nicht dargestellt .... | 81 |
| Abb. 7.3 | Menschliche Organe mit ihrer Sanduhr. Der menschliche Körper enthält mehrere Wecker, die auf dieser Abbildung für relevante Organe symbolisiert sind. Der schnellste klingelt zuerst, und das Altern des gesamten Organismus treibt die Gebrechlichkeit voran. In Anerkennung eines solchen Systems können Geriater und Betreuer die Behandlung und geroprotektive Maßnahmen entsprechend fokussieren. (gezeichnet von A. Hemmerle) ........ | 83 |
| Abb. 7.4 | Verschiedene Organe altern mit unterschiedlichem Rhythmus – Beispiel: Leber. Wie am Beispiel der Leber zu sehen ist, ist eine ganze Reihe von zytologischen und gewebespezifischen Altersveränderungen möglich. Die Fettleber, die fibrotische Leber, die Leber, die sich gegen Infektionen verteidigt (Chemotaxis), das intrazelluläre Komplementsystem (Complosome) oder die Leukozyteninfiltrate – entweder als einzelne Ereignisse oder in einer Reihe nacheinander. ......................... | 83 |
| Abb. 7.5 | Tauber Buddha. Der zwölfte Ehrwürdige Sakyamuni: diejenigen, die nur den Ohrreiniger kennen, kennen den tauben Buddha, obwohl es richtige und falsche Worte gibt, gehen sie links hinein und rechts hinaus (ein alter chinesischer Text über Buddha, der seine Ohren reinigt ..., Passanten, die ihn nicht kennen, beurteilen ihn als taub und stumm, aber er ignoriert sie weiterhin und lässt die Gerüchte in ein Ohr hinein und aus dem anderen hinausgehen). Mit freundlicher Genehmigung: Janice Fuhrer ............................ | 84 |
| Abb. 7.6 | Alzheimer-Patient in Träumerei verloren. Dieser *Homme aux Champignons*, der Titel, den ihm sein Künstler, der Schweizer Maler Samuel Buri (*1935), gegeben hat, zeigt einen transzendenten menschlichen Oberkörper und einen Kopf, der einem Pilz ähnelt, den wir hier aus der Sicht desorientierter Patienten mit Alzheimer-Krankheit betrachten. (Serigrafie 1/9, Eigentum von U. Nydegger) ............................. | 89 |

Abb. 8.1  Ältere Männer in einem sardischen Dorf (Italien) um den zentralen Platz 1987. (Foto: Urheberrecht bei wpw)............ 101

Abb. 8.2  Wasserfälle beugen die Zeit des Wasserflusses. Beispiel eines Gemäldes mit dem Thema Zeit, Erinnerung und Fluss – Hin-und-Zurück. Sigrun Lungs (*1943) Niagara-Fälle. Öl auf Leinwand gemalt (2007). Der Betrachter erkennt, dass die Zeit ein ewiger Kreislauf ist, wie der kontinuierliche Kreislauf des Wassers, das dem Fluss der Niagara-Fälle folgt (Eigentum von Th. Lung)...... 102

Abb. 9.1  Das FAMH-Rad der Fachgebiete. Von der Klinischen Chemie mit dem oft angeforderten Ferritin, der Immunologie mit Autoantikörpern, der Mikrobiologie zur Klärung von Infektionen und der Hämatologie mit Thrombozyten (Blutplättchen). Jedes Gebiet wird nun zunehmend von genetischen Untersuchungen beherrscht ..................... 108

Abb. 9.2  Briefmarke von Karl Landsteiner. Aus U. Nydeggers Briefmarkensammlung *100. Jahrestag Dr. Karl Landsteiners*, Entdecker der ABO-Blutgruppen. (Österreichische Briefmarkennummer 1296, Österreich Netto Katalog 1968) ...... 110

Abb. 9.3  Grobe Übersicht häufiger Krankheiten und Altersgruppen ihrer Präferenz. Die Positionen der Höcker basieren auf langfristigen internationalen klinischen Beobachtungen; robuste Odds Ratios sind nicht verfügbar. Die meisten der dargestellten Krankheiten treten in jedem Alter auf – die Positionen der Höcker deuten auf eine Neigung hin. Wir gehen davon aus, dass Individuen ein Alter erreicht haben könnten, in dem sie vor einer eindeutigen Diagnose geschützt sind. Die in den statistischen Dateien erfasste Todesursache ist nicht zuverlässig. (Copyright von KARGER, Basel, Schweiz) ............................................. 115

Abb. 9.4  Ausrichtung von elementaren medizinischen Labortests. Ein guter Einstieg in die Daten mit der SENIORLABOR-Studie wäre die Vorhersage von Morbidität, wenn nicht sogar Mortalität, mit einer Reihe einfacher medizinischer Labortests. (Copyright von KARGER, Basel, Schweiz) .................. 121

Abb. 9.5  Was die angeborene Immunität ausmacht. Diese Abbildung listet zahlreiche Laborparameter immunologischer Tests auf, welche derzeit (im Jahr 2025) vernachlässigt werden und ein großes Informationspotenzial für bestimmte Krankheiten bieten könnten............................................. 123

Abb. 9.6  SENIORLABOR-Studie: Alter der Probanden. Die Teilnehmer der SENIORLABOR-Studie, die 2008 begann, wurden durch Zeitungsanzeigen, Schachclubs, Bergsteiger und Mundpropaganda rekrutiert. Sie wurden als Probanden für viele medizinische

Labortests aufgenommen, nachdem sie einen Fragebogen mit Antworten bestanden hatten, die auf ihre Gesundheit hindeuteten – zumindest: das Fehlen von Krankheit (Male Patients - männliche Patienten, Female - weibliche Patienten). (Abbildung gezeichnet von Wolfgang Hermann, PhD) . . . . . . . . . . . 125

Abb. 9.7  Gemessene Thrombozytenkonzentrationen aus der SENIORLABOR-Studie. Bitte beachten Sie, dass die Regressionsanalyse einen leichten Rückgang mit zunehmendem Alter zeigt. (Abbildung gezeichnet von Wolfgang Hermann, PhD) . . . . . . . . . . . . . . . . . . . . . . . . . . . . . . . 128

Abb. 9.8  Das Komplementsystem mit seinen Zellrezeptoren. Der obere Teil der Abbildung zeigt die Eintrittsstellen mit der Proteinbezeichnung des klassischen, Lektin- und alternativen Weges. Der untere Teil zeigt die Zelloberflächenrezeptoren für die entsprechenden Liganden, die nach der Bindung das Signal an das Zellinnere (d. h. Zellkern und Mitochondrien) übertragen und der Zelle Anweisungen geben, was zu tun ist . . . . . 133

Abb. 10.1  Medikamente in der Entwicklung für potenzielle Anti-Aging-Effekte. Viele klinische Studien bei Senioren beinhalten den Neologismus „Geroprotektor", der seit einem Jahrzehnt verwendet wird. Die Pharmaindustrie ist bestrebt, die Seneszenz zu verzögern. Es gibt Medikamente (zum Beispiel Metformin), die für chronische Krankheiten verwendet werden und auf ihre Umwidmung zur Geroprotektion warten . . . . . 138

Abb. 10.2  Resveratrols einfache Formel. Resveratrol ist ein Stilbenoid, ein natürliches Phenol, das in Rotwein enthalten ist, und ein Phytoalexin, das von mehreren Pflanzen als Reaktion auf Verletzungen oder wenn die Pflanze von Krankheitserregern wie Bakterien oder Pilzen angegriffen wird, produziert wird. (Quellen von Resveratrol in Lebensmitteln sind die Haut von Trauben, Blaubeeren, Himbeeren, Maulbeeren und Erdnüssen) . . . . 142

Abb. 10.3  Haltung entfernt uns vom alt aussehen. Diese Illustration zeigt einen älteren Mann, der an einem Tisch sitzt, einmal links, aufrecht in perfekter Haltung, gut gekleidet und gepflegt, soigné. Dieselbe Person, die rechts sitzt, zeigt ihn gebeugt und zusammengesunken. Dieser Mann erweckt den Eindruck, älter und gebrechlicher zu sein. Die Haltung von uns Menschen bestimmt unser Maß an Seneszenz, wie es von einem Beobachter beurteilt wird. Tu ne cede malis (senectute!), sed contra audentior ito (Vergil, Aeneis V > I, 95). (Gezeichnet von www.bilderkram.ch) . . . . . . . . . . . . . . . . . . . . . . . 142

# Tabellenverzeichnis

| | | |
|---|---|---|
| Tab. 5.1 | Künstliche Organe und Transplantate mit Beispielen für funktionale Leistung aufgelistet. | 62 |
| Tab. 6.1 | Klinische und Laborstudien, die mit älteren Menschen durchgeführt wurden (Auswahl) | 68 |
| Tab. 9.1 | Altersabhängige Abweichungen der Referenzintervalle von routinemäßigen medizinischen Laborparametern | 109 |
| Tab. 9.2 | Hämoglobinkonzentrationen der Probanden in der SENIORLABOR-Studie in g/L | 126 |
| Tab. 9.3 | Referenzintervalle und Medianwerte der Thrombozytenkonzentrationen ($\times 10^9$/l) in der SENIORLABOR-Studie | 127 |
| Tab. 9.4 | Referenzintervalle in der SENIORLABOR-Studie | 127 |

# Zeit

*Cupidus Rerum Novarum*
*Tempus fugit Laetus in praesens animus, quod ultra est,*
*oderit curare*
Lasst uns im Jetzt glücklich sein und uns nicht darum sorgen,
was kommen wird

*(Horaz, Oden II)*

## 1.1 Seneszenz ist zeitabhängig

Wir glauben, dass das Geheimnis (Elixier der Jugend) der Seneszenz langsam, aber stetig schwindet – biochemische und genomische Fortschritte sind unaufhaltsam. Wir, die Autoren dieses Buches, sind überzeugt, dass moderne Erkenntnisse die Welt nicht verändern werden, aber zu einer neuen Sichtweise auf den Alterungsprozess der Menschen beitragen werden. Im Almanach der Literatur über Seneszenz wird die Entwicklung unseres biochemischen Wissens über dieses Thema immer schneller vorangetrieben. Wir sind kurz davor, das Altern zu verstehen, nicht zuletzt, weil der Umgang mit Big Data, Künstlicher Intelligenz und vielen neuen, weltweit online verfügbaren Zeitschriften handschriftliche Informationen über Nacht obsolet machen kann. Viele dieser Zeitschriften, die von mächtigen Verlagen in Druck und im Internet herausgegeben werden, erreichen ein globales Publikum. Wir können die Trägerpublikationen in Biochemie, Genomik und Gerontologie unterteilen. Beispiele sind das *Journal of Cell Biology*, *Gerontology*, das *Journal of Gerontology* und *Age and Aging*. Natürlich enthalten Standards mit hohem Einfluss zunehmend Artikel über das Altern. Tatsächlich drängt uns das, was uns dazu bewegt, dieses Buch zu schreiben, auf die gewagteste Entwicklung, die wir derzeit wahrnehmen, hinzuweisen: Altern nicht als Vorwärts-, sondern als Rückwärts-

Zeitmaschine – Verjüngung –, ein philosophischer Kontext in einem solch gewagten Thema wird uns nicht davon abhalten, unsere Gedanken darzulegen.

Natürlich genießen wir es auch, dieses Buch an den Schnittpunkten zwischen Geheimnis und experimentell bewiesenen harten Fakten zu schreiben. Erstaunlicherweise hat das Altern aus wissenschaftlicher Sicht nicht die Aufmerksamkeit erhalten, die es verdient, sagen wir vor 100 Jahren. Heinrich Heine (1797–1856) fragt: „Was ist ein Traum? Was ist der Tod? Eine Unterbrechung des Lebens? Oder ein vollständiger Stillstand des Lebens? Ja, für diejenigen, die nur Vergangenheit und Zukunft kennen und das Leben jedes Augenblicks der Gegenwart – dazwischen – ignorieren, muss der Tod schrecklich sein. Sie verlieren die Krücken von Raum und Zeit, um dann ins ewige Nichts zu versinken" [1].

Wenn man über das Altern spricht, muss man darüber nachdenken, was mit dem Begriff Zeit gemeint ist: die Zeit, die die Bühne bereitet, die Zeitlinie des Alterns als dynamisches Ereignis – Altern kann sich also schnell (prompt, rasch, presto) oder langsam (träge, zögerlich, andante) entwickeln, einige Adjektive oder Adverbien, die auf Zeitwahrnehmung basieren. Zeit könnte von Babys bereits gefühlt werden, wenn es Zeit für die nächste Stillmahlzeit ist. Zeit, die es wert ist, gespart zu werden, Zeit, die Geld wert ist, und Zeit, die, wenn sie verschwendet wird, uns in schlechte Laune versetzt. Die Filmindustrie lässt Schauspieler in die Vergangenheit reisen. Für einige fließt die Zeit: Ist sie dann weg? Wenn die Sonne hinter einem Berg aufgeht oder hinter dem Ozean untergeht, erkennen wir, dass dies ziemlich schnell vergeht, manchmal etwas langsamer, je nach Jahreszeit. Im Gallischen Krieg (VI, 12.1) lesen wir: *Cum Caesar in Galliam venit* (Perfekt) *alteris factiones principes erant* (Imperfekt) [2]. Wie man sieht, werden im Lateinischen Geschichten im Perfekt (*tempus perfectum*, d. h. vollendete Zeit) erzählt. Im Gegensatz dazu bezeichnen wir dies im Englischen und indoeuropäischen Sprachen als Imperfekt, was überhaupt nicht unvollkommen ist.

Wenn wir verärgert sind, vertreiben wir gerne die Zeit. Beim Aquarellmalen vor Ort müssen wir schnell sein, um die richtigen Schattierungen und die Wärme der Farben zu erzielen; dieses Problem zu lösen, ist zentral für gute Farben, wenn Malen mehr sein soll als die Übertragung von Farbe aus dem Malkasten auf Papier. Die Zeit hat ihre Veränderung am Objekt vorgenommen, außer vielleicht bei regnerischen Himmeln, die dem Maler mit einer Beleuchtung von Grau in Grau helfen.

Jérôme Lèbre (*1967) untersucht den aktuellen Trend beschleunigter Ereignisse. *Toujours plus vite* ist eine allgemeine Anforderung für Innovationen, Mutationen und Rhythmen – Lèbre fragt „warum?". In seinem jüngsten Buch *Eloge de l'Immobilité* stellt der Autor Ruhe der Bewegung gegenüber. Unbeweglichkeit ist stressig (Gefängnis, Krankenhaus, Stau), kann aber auch lohnend sein (Meditation, Gebet, Schreiben); es ist herausfordernd, hier das Altern zuzuordnen [3].

Wie Ennio Morricone (1928–2020) in *La morte della musica* feststellt, wird der Fluss der Zeit durch natürliche Zyklen statt durch Uhren und Zeitmesser gemessen – er, der Komponist, identifiziert Musikstücke als herausragendes Mittel, um diesen Fluss zu stören [4].

## 1.2 Die Eranos-Vorträge von Monte Verità

Die Eranos-Jung-Vorträge 2018 von Monte Verità (Ascona, Schweiz) beinhalteten die Präsentation von Roberto Casati (*1961) vom Institut Jean Nicod, CNRS-EHESS-ENS, Paris, Frankreich, über die *Prospektivität der Zeit: neue Techniken und neue Kategorien zur Untersuchung der Zeit*. In seinen Worten bezieht sich Casati auf die Beziehung der Zeitwahrnehmung mit Denken, Geist, und Seele (*spirito, mente, anima*). Er beginnt mit dem aktuellen Lebensstil; wir haben keine Zeit; wir sind Gefangene der Beschleunigung, des Unmittelbaren und Augenblicklichen – so Roberto Casati.

Echtzeit ist die Zeit, die sich selbst annulliert, die den Reichtum des Denkens und unseren aktuellen Zustand verengt und uns aus verschiedenen Blickwinkeln bedroht. Carlo Rovelli (*1956), der Autor von *Seven Brief Lessons on Physics and The Order of Time*, hat als letzten Titel *The Reality is Not What it Seems* geschrieben: Warum erinnern wir uns an die Vergangenheit und nicht an die Zukunft? Existieren wir in der Zeit? Existiert die Zeit in uns? Er schreibt: „Das unaufhörliche Geschehen, das die Welt ermüdet, ist nicht entlang einer Zeitleiste geordnet, wird nicht von einem gigantischen Ticken gemessen" [5].

Im Grunde könnte John Steinbeck (1902–1968) dies im Voraus gewusst haben; sein *Travels with Charley* durchläuft Korridorzüge der Zeitwahrnehmung: „Die tatsächliche Zeit auf dem Weg von Chicago, Illinois, war kurz, aber die überwältigende Größe und Vielfalt des Landes, die vielen Vorfälle und Menschen entlang des Weges, hatten die Zeit aus allen Fugen gestreckt. Denn es ist nicht wahr, dass eine ereignislose Zeit in der Vergangenheit schneller in Erinnerung bleibt. Im Gegenteil, es braucht die Zeitsteine von Ereignissen, um einer Erinnerung Dimension zu verleihen. Ereignislosigkeit lässt die Zeit zusammenbrechen" [6]. Dies geht einher mit Alexander von Humboldt (1769–1859), der feststellt: „Wir hatten nur wenige Tage auf Teneriffa verbracht, doch wir verließen die Insel mit dem Gefühl, wir hätten dort lange gelebt" [7].

Die historische und evolutionäre Entwicklung hat die derzeitige menschliche Lebensspanne bestimmt, von kurzlebigen Primatenvorfahren bis zu den heutigen Hundertjährigen, die in Japan, Schweden und anderen Orten der Langlebigkeit am häufigsten vorkommen. In der verbalen Ausdrucksweise wird die Grundform von Verben als Infinitiv bezeichnet, was als für immer gelesen werden kann. Diese Entwicklung muss verstanden und analysiert werden, wenn wir die biologische Bedeutung des Alterns und die kulturelle Bedeutung der Langlebigkeit verstehen wollen. Man könnte annehmen, dass sich die Paläoanthropologie nur mit der Vergangenheit befasst. Die Überlegung geht dahin, dass über ein neugieriges, irgendwie romantisches Interesse an den frühen Berichten unserer Vorfahren hinaus nicht viel ist, was diese Disziplin zum Verständnis der heutigen Menschen beitragen kann.

Die südkoreanische Paläoanthropologin Sang-Hee Lee (*1966), die unsere sich entwickelnde Spezies untersucht, bestreitet diese Ansicht in *Close Encounters with Humankind*. Sie zeigt uns Menschen als ein lebendiges und sich immer noch veränderndes Ergebnis eines Zusammenspiels zwischen Biologie und natürlicher Selektion über die ungefähr 6 Mio. Jahre, seit sich Hominiden von der Schimpansen-Linie abspalteten [8].

## 1.3 Seneszenz in Bewegung

Das Einsetzen des Alterns würde schon bei der Geburt beginnen, sagen einige. Lassen Sie uns dies eher Reifung als Altern nennen. Die Frage ist, wann schlägt die Trennung von Reifung und Seneszenz um? Allzu oft argumentieren Menschen über Lebensfragen auf der Grundlage groben Materials. Wie Henri Bergson (1859–1941) in seiner *L'évolution créatrice* darlegt, sind selbst Reife und Alter Attribute meines Körpers, unabhängig von einer Jahresskala.

Es gibt kein universelles biologisches Gesetz, mit dem Individuen verglichen werden können. Jede Spezies fordert ihre eigene Unabhängigkeit und folgt ihrem eigenen launischen Zyklus, indem sie mehr oder weniger von der Zeitlinie abweicht. Es ist kein Problem, Bäume als nicht alternd zu betrachten, da sie immer in der Lage sind, neue Zweige oder Stecklinge auszutreiben. Ein solcher Baumorganismus muss mehr als eine Gemeinschaft betrachtet werden, mit fallenden Blättern, wie in Kap. 3 beschrieben [9]. Wenn wir uns Menschen mit einem Gehirn und Gedächtnis betrachten, bemerkt Henri Bergson dann: „*Le fond même de notre existence consciente est mémoire, prolongation du passé dans le présent, durée agissante et irreversible.*" (Unsere bewusste Existenz ist Gedächtnis, und Gedächtnis ist eine Verlängerung der Vergangenheit in die Gegenwart – ein Sanduhr-aktiver, irreversibler Prozess). Und Umberto Eco (1932–2016) lässt Venanzio zu Berengario de Arundel sagen: „*Se la memoria è un dono di Dio anche la capacità di dimenticare può essere molto buona*" (Wenn das Gedächtnis ein Geschenk des Herrn ist, kann auch das Vergessen erfüllend sein) [10].

Was waren U. Nydeggers Frau und er nicht erstaunt, als sie einen Freund zu einem Konzert in einem Bostoner Jazzclub in den späten 1970er-Jahren mit Chuck Mangione (*1940), dem unterhaltsamen italo-amerikanischen Kornettspieler, einluden, nur um festzustellen, dass dieser sich an die Rückenlehne vor ihnen lehnte und ein Nickerchen machte! Der Leser mag mit Ben Franklins altem Sprichwort vertraut sein: „Früh zu Bett und früh aufstehen macht einen Mann gesund, wohlhabend und weise." U. Nydeggers Freund leidet an einer Störung namens Advanced Sleep Phase Disorder (ASPD), die nicht mit der antisozialen Persönlichkeitsstörung (Antisocial Personality Disorder, ASPD) zu verwechseln ist, ein Begriff, den wir vorschlagen, in den fortgeschrittenen Schlafphasentyp (Advanced Sleep-Phase Type, ASPT) oder zirkadiane Rhythmus-Schlafstörung (Circadian Rhythm Sleep) oder fortgeschrittenes Schlafphasensyndrom (Advanced Sleep-phase Syndrom, ASPS) in der Terminologie zu mildern. Die Individuen fühlen sich sehr schläfrig und gehen früh am Abend (z. B. 18:00–20:00 Uhr) ins Bett und wachen sehr früh am Morgen auf, gefolgt von einer sehr produktiven Phase. Tatsächlich studierte der japanische Dirigent Seiji Ozawa (1935–2024) sehr früh am Morgen Partituren und, ohne zu behaupten, dass seine Arbeit mit der eines Orchesterdirigenten vergleichbar ist, arbeitet der japanische Schriftsteller Haruki Murakami (*1949) ebenfalls ab 4 Uhr morgens, wenn er sich am besten konzentriert.

Adolf Portmann (1897–1982) beschreibt in seinem Buch *Biologie und Geist* grundlegende Merkmale der Chronobiologie. Die Zeitzyklen erstrecken sich über unterschiedliche Längen: Tag/Nacht 24 h oder lunar 28 Tage oder saisonal ganzjährig. Beim Menschen wird die Oszillation durch genetische Programme (die Namen der Gene sind: Clock, Bmal1, Chrono, Cry und Per) aufrechterhalten, ergänzt durch Melatonin, periodische aerobe Glykolyseintensität und Lipidsignalisierung: Der Einfluss dieser Akteure auf Wohlbefinden und Seneszenz ist Thema vieler Studien [11]. Für die subjektive Art, Zeit zu gewinnen oder zu verzögern, begegnen wir Henry David Thoreau (1817–1862), dem „Heidegger (1889–1976) der Vereinigten Staaten von Amerika", der erlebte, was viele von uns durchmachen, wenn er in Kap. 4 seines Buches (*Walden*) schreibt: „Meine Tage waren keine Wochentage, die den Stempel irgendeiner heidnischen Gottheit trugen, noch waren sie in Stunden zerteilt und durch das Ticken einer Uhr gequält; denn ich lebte wie die Puri-Indianer, von denen es heißt, dass sie für gestern, heute und morgen nur ein Wort haben und die Vielfalt der Bedeutung ausdrücken, indem sie den Daumen rückwärts für gestern, vorwärts für morgen und über den Kopf für den laufenden Tag zeigen" [12].

Mit der Verlängerung der Lebenserwartung in den letzten 100 Jahren hat ein Individuum 200 min zu seinem Tagesablauf hinzugefügt – stumpf damit verbracht, Fernsehen zu schauen, wie der französische Philosoph Michel Serres (1930–2019) noch vor Kurzem zu scherzen pflegte. Wie beim Zeitverlauf der Reifung könnte auch der Zeitverlauf der Seneszenz einem schrittweisen, nichtlinearen Pfad folgen. Die Entwicklung von Neugeborenen bringt uns vom Stillen zur Flasche, und der Schritt vom Neugeborenen zum Kleinkind ist ein gut wahrgenommener Wechsel in den längeren Phasen der Neugeborenen- und Kleinkindstadien. Plötzlich läuft das Kind, und die Mädchen entwickeln in kurzer Zeit Brüste, ähnlich wie Jungen in kurzer Zeit Bärte wachsen. Pubertäres Haar wächst „über Nacht"; zumindest erscheint es und bekommt unsere Aufmerksamkeit, ganz zu schweigen vom Stimmbruch: Pubertät und Übergang zum Erwachsenenleben sind große Schritte. Wie steht es mit der Seneszenz, wenn sie mit Falten, Kahlheit und Energieverlust sichtbar wird? Die Literatur nimmt sie als kumulativ und allmählich wahr. Erst wenn wir alte Freunde nach langer Zeit treffen, sind wir erstaunt, wie „plötzlich" sie älter aussehen, bis zu dem Punkt, an dem wir sie nicht erkennen, es sei denn, wir fragen sie: „Wie heißt du?". Wie der andere sagte, als er einen Freund nach Jahren sah: *„Tu a pris un coup de vieux."* Die Physik des 20. Jahrhunderts zeigt, dass die Welt nicht als eine Abfolge von Gegenwarten gedacht werden kann, wie Carlo Rovelli demonstriert. Der Hohe Lama von Shangri-La sagt dem intellektuellen Pianisten Convey, „Sie werden Zeit haben – dieses seltene und schöne Geschenk, das Ihre westlichen Länder umso mehr verloren haben, je mehr sie es verfolgt haben. Denken Sie einen Moment nach. Sie werden Zeit haben zu lesen – nie wieder werden Sie Seiten überfliegen, um Minuten zu sparen" (zitiert aus [13]).

Die Zeit vergeht, während man auf den Tod wartet: Da wir das Datum und die Uhrzeit unseres Todes ignorieren, es sei denn, wir gehen ein Risiko ein oder planen Selbstmord, sollte die verbleibende Zeit dennoch messbar sein. Der Mensch misst und wiegt gerne. Wie Lorraine Daston (*1951) behauptet, müssen wir das Leben in Bezug auf Wahrscheinlichkeit und Lebenschance statt Lebensschicksal betrachten. Zwei Voraussetzungen sind zu berücksichtigen: Der Begriff der (i) statistischen Wahrscheinlichkeit, statistischen Regelmäßigkeit, und der Glaube an die (ii) homogenen Kategorien von Individuen, auf die die Regelmäßigkeiten zutreffen. Lorraine

Daston, Professorin am Max-Planck-Institut in Berlin (Deutschland), baut ihre Sichtweise der Welt intuitiv auf Mathematik auf und fördert die Mathematik an die Spitze aller Wissenschaften. Wenn wir scheitern, nehmen wir eine Versicherungsrate, die auf mathematischen Risikoberechnungen basiert, und ignorieren, wie viel Zeit bis zur endgültigen Abrechnung verbleibt.

Diese differenzierte Wahrnehmung der Zeit ist beeindruckend, wenn man den verbleibenden Zeitraum bis zum mutmaßlichen Tod – am terminalen Punkt der Seneszenz – vergleicht. Die Diagnose eines Pankreaskarzinoms im Jahr 2025 ist immer noch ein Todesurteil, bei dem fast jede der betroffenen Personen innerhalb eines Jahres nach der Diagnose stirbt. Dieser verbleibende Zeitraum scheint auf den ersten Blick lang, aber er vergeht unglaublich schnell für die meisten unserer Krebspatienten. Nicht so bei Unfallopfern, die möglicherweise bis zu den letzten Sekunden vor dem Verlust ihres Lebens glücklich sind. Horaz (65–8 v. Chr.) lässt in seiner Satire I den Kaufmann, der einen Soldaten beneidet, zu ihm sagen:

> „Militia est potior. Quid enim? Concurritur; horae momento cita mors venit aut victoria laeta." (Die Aufgabe von dir, Soldat, ist besser als meine: Du kämpfst, und in der kurzen Zeit einer Stunde stirbst du entweder oder du gewinnst glücklich die Schlacht.)

Die Relativität des Berufs im Leben eines Menschen wird auch in der Erklärung von Albert Einstein (1879–1955) aus dem Jahr 1954 deutlich, als er darüber schrieb, seine Karriere noch einmal von vorne beginnen zu wollen. Er würde lieber Klempner oder Hausierer werden, um die Unabhängigkeit zu suchen, die diese Berufe bieten – natürlich im Nachhinein, wie wir heute alle wissen, bedauert er, mit seiner Arbeit die Entwicklung von Atomwaffen ermöglicht zu haben. Die Autoren denken, dass ein relevanter Antrieb für ein solches Denken die Neugier zu sein scheint.

Unsere Neugier, dieses Verlangen nach Wissen, Durst oder Juckreiz nach Wissen, schätzt das gegenwärtig Existierende nicht, um es zu verstehen. Stattdessen will unsere Neugier sehen. Nur um es gesehen zu haben, das ist genug (Martin Heidegger, 1889–1976, *Sein und Zeit* – ein ansprechender Titel für ein Buch, aber schwer zu verstehen); der Begriff „Zukunft" wird somit zu einem Hauch von Vulgarität, einer ekstatisch-horizontalen Wahrnehmung in der Tat. Seit mehreren Jahrzehnten werden die Seminare zur Philosophie an der Universität Stanford häufig von digitalen Freaks des Silicon Valley besucht.

Alles begann 1968 mit dem einflussreichen Philosophen Hubert Dreyfus (1929–2017): *What Computers Can't Do*, der den Einfluss der Künstlichen Intelligenz auf unser Verhalten und unsere Zeitwahrnehmung analysierte. Der zweite im Team ist Dagfinn Follesdal (*1932), der mit seinem einflussreichen Buch *Understanding Computers and Cognition* nach Stanford kam, das offensichtlich mit Heideggers Theorien in Verbindung steht. Mark Weiser (1952–1999), Leiter des Palo Alto Research Center (Xerox Park), war während seiner gesamten Karriere ein Heidegger-Anhänger. Die Stanford Philosophical Reading Group läuft teilweise auf Heideggers Schriften, eine metaphysische Wertschätzung der Zeit und ihrer Begrenzungen und Endlichkeiten, die selbst die ausgeklügeltste Technologie nicht überwinden kann.

## 1.3 Seneszenz in Bewegung

Seneszenz als verdecktes Phänomen? Dies kann auf verschiedene Weise verdeckt werden: (i) das Phänomen bleibt unentdeckt und unbekannt, (ii) das Phänomen wird unterdrückt, begraben, (iii) das Phänomen ist nur eine Täuschung, ein Bluff. In einigen Fällen jagen wir der Seneszenz als Verstellung nach. Dies wäre die am meisten behindernde Form, da sie das Individuum in eine Depression stürzen könnte, nur geeignet für das Bankkonto des Psychiaters.

Letztendlich befassen sich Martin Heideggers Schriften viel mit dem Tod (Kap. 52, Das alltägliche Sein bis zu seinem Ende als existenzieller Begriff Tod, *Sein und Zeit*, Max Niemeyer Verlag, Tübingen, Deutschland, 1977).

Die Erklärung der alltäglichen Existenz bis zu ihrem Ende, dem Tod, wird von uns als das Wir verbalisiert. Wir sterben nur einmal, aber nicht jetzt. Mit diesem „nicht jetzt" geben wir zu, dass der Tod sicher eintreten wird. Niemand zweifelt daran, dass wir irgendwann vergehen werden; es ist eine Banalität. Es ist auch eine Wahrheit, eine Wahrheit, die uns die Authentizität von etwas offenbart, das passiert. Es ist gleichzeitig eine Überzeugung [14]. Lassen Sie uns die Seneszenz in diesem Licht mit unserem Buch sehen!

Das haben viele schon einmal erfahren: In Momenten erleben wir kurze Intervalle von so vielen Dingen, die normalerweise Tage oder Monate dauern, um sie zu erleben: Ein glücklicher Tag im Urlaub ist viel schneller vorbei als ein langweiliger Arbeitstag. Letzte Nacht hatte U. Nydegger einen Traum, der ihn in wenigen Minuten durch die Hälfte seiner Karriere führte. Eines Tages wachte er auf und fühlte sich plötzlich wie ein alter Mann; über Nacht Seneszenz. Die Diskrepanz der Zeitwahrnehmung wird durch das Warten auf einen Zug veranschaulicht: zehn Minuten zu früh auf dem Bahnsteig 9 3/4 (*Harry Potter*, von der britischen Autorin J.K. Rowling *1965) schleichen so lange dahin, bis der Zug endlich ankommt; im Gegensatz dazu vergehen zehn Minuten in einem faszinierenden Film oder während eines köstlichen Essens wie im Flug. Sind Sie gut vorbereitet auf eine Prüfung, die in drei Monaten stattfindet? Eine Ewigkeit! Unzureichend vorbereitet, viel zu lernen bis zum Termin: zu kurz, diese drei Monate!

Die Zeitwahrnehmung ist relativ. Wie in Harry Potters Kammer des Schreckens gelehrt, war der als „Muggel" geborene Justin mehrere lange Minuten in Gefahr, als ob eine Minute lang oder kurz sein könnte. Johann Peter Hebel (1760–1826) subsumiert in seinem Schatzkästlein in einer Kurzgeschichte, die für hart arbeitende Bauern des oberen Rheintals im 19. Jahrhundert geschrieben wurde mit dem Titel *Reise nach Paris*, dass die Zeiger der Weltuhr von 1814 auf 1789 zurückspringen. Napoleon Bonaparte (1769–1821) wurde ins Exil nach Elba gezwungen, woraufhin Ludwig XVIII. als Bourbonenkönig gekrönt wurde. Somit endeten die Französische Revolution und Napoleons Herrschaft abrupt. Politische Rückschläge können die Zeit zurückdrehen und alle beteiligten Individuen befreien. Die „Unsterbliche Qualle" (siehe Kap. 4) verdient ihren Spitznamen durch eine unvergleichliche Fähigkeit: Wenn sie mit Gefahr konfrontiert wird, kann sie in das Polypenstadium der Entwicklung zurückkehren, bevor sie wieder zu einer ausgewachsenen Qualle heranreift – eine Art Zurückdrehen der Uhr, um den Räuber zu täuschen.

## 1.4 Auf der Suche nach Weisheit – was kommt als Nächstes

Die Zeitmessung hat große Fortschritte gemacht und entwickelt sich in Präzision und Informationsbereitstellung weiter. Künstliche Intelligenz verknüpft Zeitmessungen mit Orten unter Verwendung von GPS (*Global Positioning System*). So wurde bei den Olympischen Winterspielen 2018 in Pyeongchang (Südkorea) die Zeit von Omega gemessen, einem in der Schweiz ansässigen Unternehmen, das modernste Zeitmessung bietet. Bewegungssensoren, die an den Kleidungsstücken der Athleten, den Skischuhen der Skifahrer, den Schlitten der Bobfahrer und der Schutzausrüstung der Eishockeyspieler angebracht sind, verfolgen die Echtzeit, das Beste, was man erreichen kann.

Diese Sensoren messen nicht nur die Live-Geschwindigkeit, sondern man verwendet sie auch, um Winkel, Trajektorie und Beschleunigung auf der Strecke zu berechnen, was es den Athleten ermöglicht, ihre eigene Zeit seit dem Start und ihre Platzierung wahrzunehmen.

Raumschiffe sind Zeitmaschinen. Der einzige Weg, etwas Ähnliches wie Zeitreisen zu machen, besteht darin, sich von der Erde weg zu beschleunigen und dann zurückzukehren. Mehr Zeit wird für diejenigen vergangen sein, die auf der Erde geblieben sind, sodass man in gewisser Weise in die Zukunft zurückkehren wird. Flugzeit(TOF)-Massenspektrometer werden in medizinischen Laboren verwendet, um die differenzielle Geschwindigkeit (Flugzeit) von einzelnen Komponenten von Bakterien, Viren oder Zellen zu messen, die in eine winzige Vakuumkammer gebracht und mit gepulsten Laserstrahlen (Matrix-unterstützte Laserdesorption/Ionisation, MALDI) bombardiert wurden. Raumfahrt trifft auf Labormedizin.

Der Alcubierre-Antrieb oder Alcubierre-Warp-Antrieb ist eine spekulative Idee, die auf einer Lösung von Einsteins Feldgleichungen in der allgemeinen Relativitätstheorie basiert, wie sie vom mexikanischen theoretischen Physiker Miguel Alcubierre (*1964) vorgeschlagen wurde. Damit könnte ein Raumschiff schneller als das Licht reisen, wenn ein konfigurierbares Energiedichtefeld zur Verfügung steht. Die resultierende Verzerrung ermöglicht einen Warp-Antrieb (engl. *to warp*, verzerren, krümmen), vorerst nichts als Science-Fiction. Als Albert Einstein (1879–1955) die Lichtgeschwindigkeit durch den leeren Raum als unabhängig von der Bewegung der Lichtquelle hinzufügte, wurde das Raum-Zeit-Intervall als Kombination von Entfernung und Zeit verstanden. So können wir sagen, dass die Zeit relativ ist. Wenn ich vom Büro nach Hause zurückkehre, komme ich nach Hause zurück, von wo ich für einen produktiven oder vergeblichen Arbeitstag aufgebrochen bin. Es ist nicht leicht vorstellbar, was eine Person wie Albert Einstein von diesen neuen Erkenntnissen halten würde. Während wir diesen Aufsatz schreiben, ist das Ableben des Physikers Stephen Hawking (1942–2018) Geschichte, aber die Erinnerung an Schwarze Löcher lebt weiter. Die Zeit hat in diesen Bereichen des Universums keinen Bezugspunkt, eine Tatsache, die Hawking nicht müde wurde, jedes Mal zu erwähnen, wenn er gefragt wurde.

Der Warp-Antrieb ist ein Impuls, der Reisen mit Überlichtgeschwindigkeit ermöglicht, indem er eine Krümmung der Raumzeit nutzt. Es war Hawking, der U. Nydegger einen Teil der Quantenphysik „verstehen" ließ, als er zusammen mit

Leonhard Mlodinow (*1954) schrieb: "Ein Teilchen hat weder eine bestimmte Position noch eine bestimmte Geschwindigkeit, es sei denn, diese Größen werden von einem Beobachter gemessen."

## 1.5 Segen und Fluch

Mit diesem Kap. 1 legen wir den Grundstein, um die Dynamik der Seneszenz mit dem Verstreichen der Zeit zu vergleichen – ein Vergleich, der nicht viel Fantasie erfordert, sondern auf einer Zeitskala ausgedrückt werden kann. Oder, um mit *nec dituius in eo morandum* abzuschließen: "Wir müssen nicht mehr Zeit damit verschwenden", sagt Quintilian (Buch VIII, 39). In seinem Werk VII, iX 2–6 mit dem Titel Institutio Oratoria schreibt Marcus Fabius Quintilian (35–96), römischer Pädagoge und Rhetoriker aus Hispania, dass einzelne Wörter zu Fehlern führen, wenn dasselbe Substantiv auf mehrere Dinge oder Personen angewendet wird: Die Griechen nennen dies Homonymie. So kann Seneszenz oder Altern mehrere verschiedene Dinge bedeuten, viele davon normale Dinge, um es richtigzustellen:

(i) das Erreichen des hohen Alters, (ii) senil werden, (iii) der Zustand oder Prozess der Verschlechterung mit dem Alter, (iv) Verlust der Fähigkeit einer Zelle, sich zu teilen und/oder zu wachsen, (v) faul werden oder (vi) Mitglied der Gerusia werden (ein Rat in Sparta, der Ältestenrat). Altern, Seneszenz, Reifung – Bezeichnungen mit leicht unterschiedlichen Bedeutungen, die individuell wahrgenommen werden. Während Seneszenz endogen kontrollierte degenerative Prozesse darstellt, die zum Tod führen, umfasst Altern eine Vielzahl von passiven oder nicht regulierten, degenerativen Schritten, die durch exogene Faktoren bestimmt werden; der allmähliche Verfall mit dem Altern kann als ein ausfallsicheres System mit kollateralem Umsatz betrachtet werden, das zur Reparatur neigt. Involution, wie beim Thymus, kann Seneszenz vortäuschen und Thymusatrophie, die in der Pubertät beginnt, tritt bei allen Wirbeltieren auf.

1795 beschrieb der deutsche Mathematiker Carl Friedrich Gauss (1777–1855) die glockenförmige Normalverteilungskurve in einem Koordinatensystem. In unserem Kontext: auf der Ordinate die Anzahl der Beobachtungen und auf der Abszisse irgendein Parameter.

Mit einer ausreichend großen Anzahl wird eine Verteilung der Beobachtungen erhalten, die wir normal nennen, und die zur Bedeutung der kontinuierlichen Wahrscheinlichkeit wird, weil die nachfolgende Beobachtung von, sagen wir, morgen höchstwahrscheinlich innerhalb der Glocke fallen wird, wenn nicht sogar in den Schlitz, wo die Kurve ihr Maximum hat. 100 Jahre später prägte der britische Mathematiker/Biostatistiker Karl Pearson (1857–1936) den Begriff „Normalverteilung" für diese Glocke, aber er hatte einige Vorbehalte, als er die Schwierigkeiten mit diesem Begriff formulierte. Diese Modelle werden als Normalkurven oder Normalverteilungen bezeichnet. Sie wurden zuerst „normal" genannt, weil das Muster in vielen verschiedenen Arten von häufigen Messungen auftrat. Es gibt viele Normalverteilungen. Tatsächlich wird die Form einer Normalverteilung vollständig durch die Angabe ihrer Standardabweichung bestimmt. Vor vielen Jahren nannte

U. Nydegger die Laplace-Gauss-Kurve die Normalverteilung, was, obwohl es die internationale Frage der Priorität vermeidet, den Nachteil hat, dass die Leute glauben, dass alle anderen Häufigkeitsverteilungen in gewisser Weise „abnormal" seien. Dieser Glaube ist natürlich nicht gerechtfertigt – wie schön formuliert für die Botschaft dieses Buches! Der Begriff „abnormal" hat heute einen so schlechten Beigeschmack, dass wir in der Medizin die Normal-Abnormal-Antagonie vermeiden. Bei medizinischen Laborergebnissen sagen Ärzte ihren Patienten: „Ihr Cholesterin liegt außerhalb des Referenzintervalls", „Ihr C-reaktives Protein (CRP) ist über dem Grenzwert", was meist bedeutet, dass die Cholesterinkonzentration oder das CRP über einem bestimmten Limit liegt, das mit der Gauß'schen Verteilungskurve festgelegt wurde, die mit mindestens 120 gesunden Blutspendern erstellt wurde.

Die konzeptionelle Präsenz von Normalität in einem ethischen Kontext ist ein Klassiker in der Medizin, der Referenzwert ruft nach Plausibilität: Normal ist, was akzeptabel/vernünftig ist, was nicht abweicht oder sogar, was nicht störend ist; daher bedeutet es gesund, aber nicht krank. Galen von Pergamon förderte im 2. Jahrhundert n. Chr. die humorale Vier-Säfte-Lehre von Hippokrates: gelbe und schwarze Galle, Blut und Schleim kontrollieren die Gesundheit – jeder Parameter normal würde dann auch bedeuten: alles normal, gesund. Claude Bernard (1813–1878) und François Broussais (1772–1838) nahmen das positivistische Konzept der Normalität in die medizinisch attestierte Gesundheit auf. Statistisch belegte Normalität kam in vollem Schwung, als Zabdiel Boylston (1676–1766) 1721 die Wirksamkeit der Pockenimpfung beweisen wollte (und es gelang): Während eines Pockenausbruchs in Boston impfte er etwa 248 Menschen, indem er Eiter von einer Pockenwunde auf eine kleine Wunde der Probanden auftrug, und eröffnete so eine Maßnahme, die heute als Ausrottung der Pocken gilt – was heute ganz normal ist. Es ist normal, sich gegen Pocken impfen zu lassen, mit den seltenen Ausnahmen vielleicht, dass einige Menschen sich weigern, sich impfen zu lassen. Georges Canguilhem (1904–1995) eröffnete das Konzept, dass diejenigen gesund sind, die nicht wissen, dass sie krank sind – verlockend dann, die Seneszenz in dieser Hinsicht in die Kategorie der Kranken einzuordnen; die Grenzen zwischen normal und pathologisch sind fließend. Jugend, Erwerbsalter und ältere Menschen: Auf einer Zeitleiste entkoppeln sich chronologisches Alter (CA) und biologisches Alter (BA). Jenseits der Adoleszenz beinhalten Altersmetriken Schätzungen von Veränderungen in der Fitness, einschließlich Vorhersagemodellen zur Schätzung der verbleibenden Lebensjahre. Eine Verschiebung der Altersverteilung der Bevölkerung hin zu älteren Altersgruppen, eine Erhöhung des Medianalters und der durchschnittlichen Lebenserwartung werden aus verschiedenen Perspektiven untersucht, einschließlich der Wertschätzung des funktionalen Status älterer Bevölkerungen, die jetzt durch Messungen von Biomarkern wie DNA-Methylierung, Glykosylierung, Gebrechlichkeitstests und kognitiver Funktion ergänzt werden. Eine erhebliche Diskrepanz in den Biomarker-Niveaus und dem Gesundheitszustand des Alterns zeigt sich: Der Unterschied zwischen chronologischem Alter und biologischem Alter, in großen Kohorten betrachtet, ist auffällig. Jüngste Fortschritte in Anti-Aging-Strategien wie Transplantation/Retransfusion von Stammzellen, Behandlung mit Medikamenten wie Metformin und Rapamycin – potenziell von ihrem ursprüng-

## 1.5 Segen und Fluch

lichen Gebrauch umgewidmet (siehe Kap. 10) – erfordern ein besseres Verständnis der Seneszenz, die sich in verschiedenen Lebensjahrzehnten entwickelt. Bei der Seneszenz trifft „abnormal" sicherlich auf das Werner-Syndrom zu, die adulte Progerie, eine seltene autosomal-rezessive Störung, die ein vorzeitiges Altern früh im Lebenszyklus erscheinen lässt. Gemessen am Kalenderjahr der betroffenen Person stellt das Werner-Syndrom ein abnorm schnell verlaufendes Altern dar. Bei der Hutchinson-Gilford-Progerie, einer extrem seltenen genetischen Krankheit, betrifft die Seneszenz Kinder.

Die Begriffe „Normalität" oder „Normalisierung" sind von Bemühungen umgeben, ihre Bedeutung zu definieren. Qualitätskontrolle und Transformation von Rohproteinmengen-Daten können jetzt mit R/Bioconductor-Paketen durchgeführt werden. Wörter, die laut Merriam-Webster damit in Verbindung stehen, sind Raster, Routine, Trott, Häufigkeit, Prävalenz, Konventionalität, Harmonie, Ordnung und Frieden. Aber diese Begriffe sind bereits eine Interpretation dessen, was wir normalerweise meinen, wenn wir sagen, dass etwas normal ist. Dictionary.com kommt dem näher: dem Standard oder dem gewöhnlichen Typ entsprechend, üblich; regelmäßig; natürlich.

Das Adverb normal ist zweifellos das, das wir in der Medizin benötigen, weil abnorme Merkmale das Überleben gefährden. Der Arzt, der seinem Patienten sagt, dass alle Untersuchungen normal waren, beruhigt ihn und signalisiert gute Gesundheit. In der Labormedizin verwenden wir den Begriff seltener und ersetzen ihn durch „diese Untersuchung liegt im Referenzintervall (RI)", was bedeutet, dass RIs, die mit mindestens 120 anscheinend gesunden Blutspendern bestimmt wurden, Normalität repräsentieren.

Etwas ist oder scheint normal zu sein, wenn es zur Mehrheit passt. Diese Aussage ist nur teilweise wahr, weil große Gruppen, die sie als normal betrachten, ungeschickte Ziele verteidigen können. Somit bedeutet Normalität, sich der Menge anzuschließen und ihre Gewohnheiten zu übernehmen. Dies impliziert, dass das, was alle Frauen und Männer tun, normal und moralisch akzeptabel ist.

Statistisch gesehen betrachten wir die Gauß'sche Verteilung (Abb. 1.1) einer in einer hohen Anzahl von Individuen bewerteten Population und bewegen uns innerhalb des 95-%-Konfidenzintervalls: Jede neue Beobachtung, die innerhalb des Intervalls liegt, könnte somit als normal bezeichnet werden. Die Bayes'sche Verteilung: Thomas Bayes (1702–1761) war der erste, der die Ergebnisse der stumpfen Statistik untersuchte, und als Mathematiker und Theologe führte er den Aspekt der Wahrscheinlichkeit ein (Abb. 1.2).

Der Vergleich des Seneszenzstadiums bei älteren Menschen desselben Alters erfordert die Untermauerung der Bayes'schen Wahrscheinlichkeit. Dies muss zu dem Aspekt führen, den wir jetzt als „substanzielle Beweise" bezeichnen, indem wir die mathematischen Formeln kombinieren, die geeignet sind, dieses Ziel zu erreichen. Eine Hypothese wird zu Beginn des Verfahrens formuliert, die durchlaufen werden muss, um das Ziel zu erreichen. Als ob der gesamte Prozess komplizierter gemacht werden sollte, gibt es vorherige Wahrscheinlichkeiten, die auf dem Spiel stehen, und um zu verstehen, was diese bedeuten – werden sie dann aktualisiert durch das, was wir nachträgliche Wahrscheinlichkeit im Lichte neuer, relevanter Daten (Be-

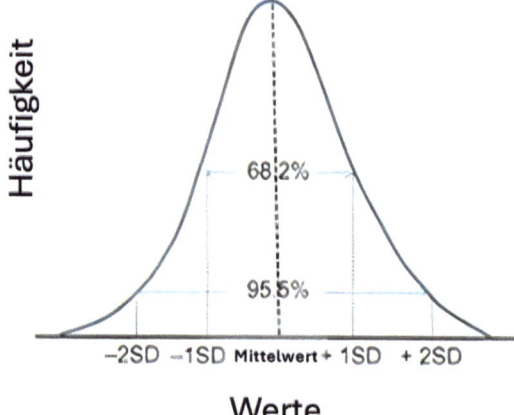

**Abb. 1.1** Mit FAMH-Standards müssen nicht weniger als die Ergebnisse von 120 Proben in einem Diagramm dargestellt werden. Die ideale Verteilung erscheint als eine glockenförmige Kurve, deren mittleres oberes Maximum eine maximale Wahrscheinlichkeit darstellt, die die folgende Probe (Analyse) anzeigen wird. Die Expositionsvariable kann in Querschnittsstudien verglichen werden; Datenerhebung und klinisches Ergebnis können gleichzeitig analysiert werden, wodurch die Merkmale der Probe mit anderen Studienassoziationen von Interesse beschrieben werden (Biostatistik). FAMH (FOEDERATIO ANALYTICORUM MEDICINALIUM HELVETICUM): Die medizinischen Labore der Schweiz

**Abb. 1.2** Flugverhalten von Raubvögeln. Vogelbeobachter können die Art der Raubvögel anhand der Flugbahn erkennen, die sie verfolgen, während sie sich auf ein Opfer stürzen: Die meisten Arten stürzen sich direkt nach unten (linker Teil der Abbildung), während andere, Ausnahmen, einen Zwischenstopp einlegen, um festzustellen, ob es sich lohnt (rechter Teil der Abbildung). Bayes' Theorem untersucht, ob alle Flugmuster gleich sind, und argumentiert mathematisch, dass Ausnahmen von einem p-Wert < 0,005 ebenfalls normal sein können

## 1.5 Segen und Fluch

weise) nennen. Die Bayes'sche Interpretation bietet einen standardisierten Satz von Verfahren und Formeln, um diese Berechnung durchzuführen. Auf dem Europäischen Aktuar-Kongress 2022 (www.eca2022.org) wird Seneszenz mit Sterblichkeitsprognosen in der Gesundheitspolitik behandelt: Deterministische und stochastische Ansätze können auf die pharmazeutische Forschung, die soziale Sicherheit angewendet werden, um Langlebigkeit, Seneszenz und Sterblichkeitsrisikomanagement durch Versicherungsunternehmen zu quantifizieren. Wenn ein Unternehmen sein Geschäft absichern möchte, ist der neue Ansatz der captive: Mit Captives erzielen Eigentümer von privat geführten Unternehmen Vorteile, die mit anderen Planungsstrategien nicht erreicht werden. Langlebigkeit ist derzeit ein wichtiges Thema für Versicherungsunternehmen: Sollten sie die Versicherungsprämie erhöhen, die Versicherungsleistung reduzieren – oder beides? Und mit einer Captive-Versicherungsgesellschaft erreichen Geschäftsinhaber maßgeschneiderte Deckungen für das Risikoprofil, die Lücken in ihren bestehenden kommerziellen Policen schließen können.

Glücklicherweise untersuchte Thomas Bayes statistische Verfahren bereits im 18. Jahrhundert, als die Künstliche Intelligenz der Informatik unbekannt war. Ein Lehrbuch jüngeren Datums, *LOGIK: Lecture Notes for Philosophy, Mathematics, and Computer Science* (Springer Undergraduate Texts in Philosophy, SUPT 2021), geschrieben von Andrea Iacona (*1955), Universität Turin (Italien), transformiert, sozusagen, Bayes' Ideen und Warnungen in unsere Epoche der Informatik [15].

Mit der Sensortechnologie zur Messung der Geschwindigkeit von Athleten in Rennen hat man jetzt eine Technologie zur Verfügung, die es ermöglicht, Bewegungen unserer Körper so detailliert zu überwachen, dass man Multitasking in der Küche schätzen kann, ausgeführt durch feine Bewegungen der Beine, Arme, Hände und Finger, wie wir sie benötigen, um ein *Birchermüesli* zum Frühstück zuzubereiten. Solche gewöhnlichen Dinge im Alltag können einer kritischen Leistungsbewertung für gesunde Personen oder Patienten unterzogen werden. Motorische Aktivitäten während der Essenszubereitung wurden bei gesunden Personen mit einer neurologischen Störung oder bei älteren Menschen mit tragbaren Sensornetzwerken überwacht. Dies kann mit einzelnen Bewegungen gemacht werden, z. B. Kaffeepulver in eine Tasse füllen, während man gleichzeitig vom Schrank zum Küchentisch geht, d. h. eine echte Multitasking-Bedingung. Die motorische Leistung kann durch die mittleren Frequenzen ($f_m$) der Handtrajektorien und Handgelenksbeschleunigungen quantifiziert werden. In einer aktuellen Studie basierte die Wahrscheinlichkeit, dass Multitasking auftrat, auf den erhaltenen motorischen Informationen und wurde mit einem naiven Bayes-Modell geschätzt. Der Bayes'sche Wahrscheinlichkeitsschätzer zeigte eine Aufgabendifferenzierung für die Handgelenksbeschleunigungsdaten in den hohen und niedrigen Wertebereichen. Die Wahrscheinlichkeit, eine bestimmte motorische Leistung während gut etablierter Alltagsaktivitäten, wie der Zubereitung einer einfachen Mahlzeit, zu erleben, änderte sich, wenn zusätzliche (kognitive) Aufgaben durchgeführt wurden. Innerhalb einer gesunden Bevölkerung wurde beobachtet, dass die Wahrscheinlichkeit von niedrigeren Beschleunigungsfrequenzmustern zunahm, wenn Menschen gebeten wurden, mehrere Aufgaben gleichzeitig zu erledigen. Kognitiver Abbau aufgrund von Alterung oder Krankheit könnte noch signifikantere Unterschiede ergeben, die für die quantitative Schätzung der Seneszenz verwendet werden können.

**Normal** Nichts ist normal und alles ist normal und die Mitte zwischen nichts und allem ist normal, ein Wortspiel kompatibel mit Johann Wolfgang von Goethe (1749–1832) in seinem Essay *Ein Wort für junge Dichter*: „Ihr habt jetzt eigentlich keine Norm, und die müsst ihr euch selber geben" (Es gibt keine Norm für euch, daher müsst ihr sie euch selbst setzten) und vom selben Autor: "Das *Sollen* wird dem Menschen auferlegt, das *Muss* ist eine harte Nuss, das *Wollen* legt der Mensch sich selbst auf – des Menschen *Wille* ist sein Himmelreich" (aus: *Shakespeare und kein Ende*: „The To-Do is imposed, the Must is a hard nut, the Wish is ones own and the Will is Heaven"). Abnormal ist schrecklich, wenn nicht exzentrisch. Wenn wir etwas als normal beurteilen, wird es in der Regel als in Ordnung wahrgenommen. Hier kann der Manichäismus helfen – eine Religion, die auf gnostischem Dualismus basiert und vom iranischen Propheten Mani gegründet wurde: Der Manichäismus lehrte ein ausgeklügeltes dualistisches Konzept, das den Kampf zwischen einer guten, spirituellen Welt des Lichts und einer materiellen Welt der Dunkelheit beschreibt, was bedeutet, dass normal und abnormal, d. h. gut und böse, beide in Ordnung sind.

An diesem Punkt müssen wir zu Martin Heidegger zurückkehren, der uns über Neugier und Wissbegierde lehrt. U. Nydegger und Th. Lung und ihre Leser:innen wollen in diesem Zusammenhang Seneszenz und Verjüngung sehen; was für eine Erlösung. Alain de Botton (*1969), in seinem Werk *Art as Therapy* (Phaidon, London 2013), hilft Heidegger und uns in gewisser Weise, aber nicht vollständig: Biochemie und Genomik sind in der Kunst nicht typisiert [16]. Nun ist in der Analyse des Verstehens und der Entschlossenheit für Heidegger das *lumen naturale* das Verständnis. Das Wort „*envision*" bedeutet viele Dinge, die wir sehen müssen. Wir brauchen unsere Augen, um Seneszenz und Verjüngung zu visualisieren, vermeintliche Lichtungen unseres Seins. Es war Augustinus, der in seinen theologischen Schriften die uns bekannte Beziehung zwischen dem Sehen von etwas und seiner Interpretation beschreibt: „*Ad oculos enim videre proprie pertinet.*" (Denn richtig sehen können nur die Augen).

Wenn wir geboren werden und von unseren Eltern oder in einem außerfamiliären Bildungskontext erzogen werden, lernen wir, mit den Umständen des Lebens umzugehen. In jüngeren Jahren gilt das Lernen durch Handeln („Learning by doing"). Sich zum ersten Mal die Finger an einer Kochplatte zu verbrennen, Kälte zu spüren, wenn man unzureichend gekleidet ist, nass zu werden ohne Regenschirm oder für Fehlverhalten bestraft zu werden, sind Beispiele, um zukünftige Missgeschicke zu vermeiden, die lehrreich sind. Dumme Menschen wiederholen immer wieder die gleichen Fehler, und intelligente Menschen machen neue Fehler, beide sind nicht immun gegen Fehler. Und Gedanken zeigen uns dann, dass es nicht normal ist, eine heiße Platte zu berühren, es ist nicht normal, ohne ausreichende Kleidung auszugehen oder im Regen ohne Regenmantel zu gehen, und es ist normal, sich sanft zu verhalten, und umgekehrt ist es normal, einen Regenschirm zu nehmen, wenn es in

Strömen regnet. Die Normalität wird dann zu einer Komfortzone – nur das zu tun, was normal ist, begünstigt das tägliche Routineleben, „*le train-train quotidien*", und hindert einen daran, die Augen für andere Dimensionen zu öffnen. Die Orientierungspunkte, die wir erworben haben, vermeiden wir zu verlassen, ebenso wie wir die Anstrengung vermeiden, Gewohnheiten aufzugeben, die mit Erfahrung, manchmal mit Schmerz oder schlechten Erinnerungen erworben wurden. Wie Bertrand Piccard (*1958) (https://solarimpulse.com) uns sagt: Bevor wir etwas Abnormales ablehnen, sollten wir es zuerst untersuchen, bewerten und in Betracht ziehen, dass es zu unserem Vorteil sein könnte, es zu verfolgen. Piccard hält sich an ein grundlegendes Prinzip: loszulassen angesichts von Schwierigkeiten, nicht zu versuchen, gegen Widrigkeiten anzukämpfen, sondern ihnen zu folgen, um keine Energie zu verschwenden, sofern eine Prise Aussicht dabei ist. Mit seinem Projekt Solar Impulse Foundation lehnte er als Sohn seines Vaters Jacques Piccard (1922–2008), welcher bereits mit dem Bathyscaph (Bathyscaph ist ein freitauchendes Tiefsee-U-Boot) in den Ozean hinabtauchte, und Enkel seines Großvaters Auguste Piccard (1884–1962) mit seinem Heliumballon, das Normale ab – normal hier verstanden als vernünftig, d. h. Risiko vermeidend. Loslassen ermöglicht es, sich von einer Situation zu distanzieren und sie durch Ändern des Blickwinkels zu erfassen, ein effektives Werkzeug, um freigesetzt und klarer zu sein. Jenseits der philosophischen Botschaft ist der Weg des Wissenschaftlers und Ökologen spannend. Seine Arbeit endet mit dem Prinzip der „Ökohumanität": ein schöner Neologismus, der humanistische und verantwortungsbewusste Ökologen in die Lage versetzt, die Seneszenz in ihrer besten Form zu verstehen.

## Literatur

1. Heine H (1834) Aus den Memoiren des Herren von Schnabelewopski. In: Der Salon. Erster Band. Hamburg: Hoffmann und Campe
2. Caesar GI (1783) Commentarii de bello Gallico
3. Lèbre J (2018) Éloge de L'immobilité, S 380
4. Morricone E (2016) Inseguendo quel suono. La mia musica, la mia vita, S 481
5. Rovelli C (2014) Sette brevi lezioni di fisica
6. Steinbeck J (1962) Travels with Charley: in search of America, S 288
7. Gebauer A, von Humboldt A, Ette O, Zech V (2009) Alexander von Humboldt, seine Woche auf Teneriffa 1799, Beginn der Südamerika-Reise. Sein Leben, sein Wirken. Santa Úrsula: Zech-Verlag, S 208
8. Lee S-H, Yoon S-Y (2018) Close encounters with humankind, S 304
9. Bergson H (1907) L'évolution créatrice
10. Eco U (1980) Il nome della rosa
11. Portmann A (1956) Biologie und Geist. Zürich: Rhein-Verlag, S 360
12. Thoreau HD (1854) Walden; or, Life in the Woods. Boston: Ticknor and Fields, S 352
13. Hilton J (1988) Lost horizon. Simon and Schuster
14. Heidegger M (1977) Sein und Zeit. Tübingen: Niemeyer
15. Iacona A (2021) LOGIC: lecture notes for philosophy, mathematics, and computer science. https://link.springer.com/10.1007/978-3-030-64811-4. Zugegriffen am 02.10.2022
16. de Botton A, Armstrong J (2013) Art as therapy

# Genetik – Die Sprache der Proteomik 2

*Cupidus Rerum Novarum*
*Nam cum Academicis incerta luctatio est, qui nihil affirmant et*
*quasi desperata cognitione certi id sequi volunt quodcumque*
*veri simile videatur*
*Gelehrte streiten sich oft hoffnungslos über eigentlich klare*
*Argumente und lassen sich dabei von*
*Wahrscheinlichkeiten führen*

*(Horaz, Oden II)*

## 2.1 Manipulieren der Hin- und Zurück-Bedeutung mit Genomik

Im Jahr 2007 verwandelte sich das Rinnsal von Erkenntnissen über genetische Risikofaktoren bei häufigen Krankheiten in einen Schwall, wobei fast jede uns betreffende ungünstige Bedingung auf einen genetischen Hintergrund zurückgeführt wurde. Kliniker können jetzt GWAS (genomweite Assoziationsstudien) verwenden, um definierte Krankheitszustände zu identifizieren. Aber die Metapher „ein Gen – eine Krankheit" gilt nicht allgemein und, am meisten täuschend oder glücklicherweise nicht täuschend, wir können (noch?) nicht das Altern im Genom lesen.

Die Begegnung mit Desoxyribonukleinsäure geschah, als U. Nydegger eine Patientin mit der Autoimmunerkrankung Systemischer Lupus Erythematodes sah, die in ihrem Blutplasma Autoantikörper gegen DNA aufwies. In den 1970er-Jahren war dieser Befund rätselhaft, und DNA war immer noch der Inhalt von Zellkernen, entdeckt von Friedrich Miescher (1844–1895) im Laich der Lachse des Rheins.

Die entscheidende Revolution kam mit Francis S. Collins (*1950), Direktor des U.S. Genome Research Institute, und seinem Team, das versuchte, alle drei Milliarden Buchstaben des Codes zu sequenzieren, in seinen Worten, die Sprache des Lebens zu lesen.

Dank fossiler und botanischer Überreste und der daraus extrahierten DNA wissen wir, dass Neandertaler immer noch hier sind: zusammen mit uns in tiefer Zeit und für immer ein Teil von uns. So schreibt Giorgio Manzi (*1958), ein Lehrer der Anthropologie an der Sapienza-Universität in Rom. Sein jüngstes Buch beginnt mit den bedeutungsvollen Worten: „Ich sitze auf einem Kalksteinfelsen mit Blick auf das Tyrrhenische Meer. Hinter mir liegt die Höhle von Capo Circeo, die von den Neandertalern frequentiert wurde; eine Geschichte einer Spezies, die den Menschen ähnlich, aber auch aufgrund von Hunderttausenden von Jahren evolutionärer Trennung zutiefst unterschiedlich ist." Genetische Nähe erleichterte die Kreuzung, die dauerhafte Spuren im *Homo sapiens* hinterlassen hat. Man kann nun alte DNA analysieren, die aus den Überresten von in Bechern begrabenen Menschen gewonnen wurde. Die Glockenbecherkultur (Bell Beaker Culture), Ausdruck verkürzt auf Becherkultur, 2900–1800 v. Chr., wurde im prähistorischen West- und Mitteleuropa gelebt, beginnend im späten Neolithikum oder Chalkolithikum und bis in die frühe Bronzezeit reichend. Der Begriff wurde von John Abercrombie (nicht der Gitarrist!) geprägt, basierend auf der charakteristischen Keramik der Kultur, die ursprünglich als Biertrinkgefäße interpretiert wurde. In der Schweiz wurde auch ein Becher in der Nähe von Bevaix, Neuenburg, gefunden. Wir müssen hier die Becherkultur in Betracht ziehen, weil diese Behältnisse, die vielleicht 20 Liter fassen und eine maximale Höhe von einem Meter haben, als Begräbnisbehältnisse für verstorbene Bewohner dienten. Diese enthalten an den Fundstellen oftmals den Kopf, eher in Form von Schädelresten, wie dem Felsenbein, ein Teil des Ohrs, der reich an alter DNA ist.

Der Cheddar-Mann ist von größtem Interesse für die Briten und beschäftigt das Land immer noch, obwohl er ruhig in einem Museumssarg ruht. Er wurde vor 100 Jahren in Somerset County, UK, entdeckt und, auf die Mittelsteinzeit datiert, als eine sensationelle Entdeckung angesehen. Es war das älteste jemals entdeckte Skelett mit vollständig erhaltenen Knochen auf den Britischen Inseln. Der Cheddar-Mann war der erste moderne Brite und saß 10.000 Jahre vor unserer Zeit in einer Höhle. Ein Zehntel seiner DNA findet sich noch in modernen Engländern, jedoch mit der Überraschung, blaue Augen und dunkle Haut gehabt zu haben, so sind die Genetiker überzeugt. Der pensionierte Geschichtslehrer Adrian Targett, der in der Nähe der Höhle lebt, in der jener Cheddar-Mann gefunden wurde, bemerkte eine auffällige Ähnlichkeit zu sich selbst – „Ich habe sogar eine ähnliche Nase", und die DNA-Analyse lässt vermuten, dass Targetts Mutter eine Nachfahrin des Cheddar-Mannes war (www.lifespan.io).

Historische kraniometrische Studien fanden heraus, dass die Becherleute anders aussahen als ihre Vorfahren im gleichen geografischen Gebiet. Genetische Studien wurden durchgeführt, um europaweite Y-DNA-Markerfrequenzen zu finden, und sie bestätigten, dass sie tatsächlich eine alte Form von DNA darstellen. Diese Form von DNA wird aus Proben gewonnen, die nicht speziell für moderne DNA-Analysen konserviert wurden, und wird aus archäologischem und historischem Skelettmaterial extrahiert. Mumifizierte Gewebe und Archivsammlungen nicht gefrorener medizinischer Proben, konservierte Pflanzenreste, Eis- und Permafrostkerne sowie Plankton in marinen und Seesedimenten aus dem Holozän hindern uns daran, solide

## 2.1 Manipulieren der Hin- und Zurück-Bedeutung mit Genomik

Schlussfolgerungen zu ziehen. Alte DNA ist oft von geringer Qualität, wobei präanalytische Probleme hier einen großen Anteil haben. Mehr Informationen:

David Reich (*1974) (Harvard Medical School 2018) entschlüsselt den prähistorischen genetischen Code, um die Menschheitsgeschichte zu erforschen. Studien über alte DNA zeigen, wie sich menschliche Populationen im Laufe der Zeit aufgespalten und vermischt haben. Neandertaler kreuzten sich mit den Vorfahren von Nicht-Afrikanern mit Nordafrikanern [1]. So kann uns die DNA nicht nur über Gesundheit und Krankheit, sondern auch über unsere Vergangenheit, unsere Identitäten als Menschen, als Familien und als Kulturen erzählen – eine Art neue Wissenschaft, um die menschliche Vergangenheit zu betrachten. Archäologie und Linguistik, um zu sehen, wie Menschen miteinander verwandt sind, können jetzt durchgeführt werden. Die Arbeit von Reich hat dokumentiert, dass die heutigen Menschen in Europa nicht dieselben sind wie die Menschen, die hier vor 40.000 Jahren lebten, da die Vermischung mit anderen Völkern bei einer großen Migration vor etwa 8000 Jahren und dann einer weiteren großen Neuschöpfung vor etwa 4500 Jahren stattfand. Reich besucht abgelegene Orte, wie die sibirische Landschaft in den Bergen des Altai, einer Gebirgskette in Zentral- und Ostasien, wo Russland, China, die Mongolei und Kasachstan aufeinandertreffen und wo die Flüsse Irtysch und Ob ihre Quellen haben.

Mit vielen Hunderten von DNA-Proben aus einer kleinen Region kann man Unterschiede zwischen eng verwandten materiellen Kulturen identifizieren, und man ist in der Lage, mathematische Modelle zu schreiben, welche Veränderungen sich im Laufe der Zeit ereignet haben. Man kann auch eine hohe Auflösung darauf anwenden, wie sich Gene, die komplexe Merkmale wie Körpergröße oder Diabetesrisiko beeinflussen, im Laufe der Zeit verändern.

Aus den Daten von Reich wurde deutlich, dass die Mutation für die Verdauung von Kuhmilch erst vor 4000 Jahren in Europa verbreitet war und wahrscheinlich aus dem Osten kam. Reich studierte eine große Anzahl von Skeletten aus dieser Zeit und den ihm zur Verfügung stehenden Regionen. Die dramatischsten Ergebnisse stammen aus den Beaker-Studien. Sie befassen sich mit dieser außergewöhnlichen archäologischen Kultur, dem Glockenbecher-Komplex, der vor etwa 4700 Jahren erstmals in Westeuropa dokumentiert wurde und sich vor etwa 2500 Jahren nach Mittel- und Nordeuropa ausbreitete. Menschen wurden in spezifischen Konfigurationen begraben – die Frauen mit dem Kopf nach oben, die Männer in die andere Richtung. Die Beaker-Populationen in Mitteleuropa wurden von iberischen Beaker-Proben getrennt, da sie von den Nicht-Beaker-Iberern, unter denen sie lebten, nicht zu unterscheiden waren.

Die alten Kulturen, wie die Schnurkeramik- und Linearbandkeramik-Komplexe sowie frühe europäische Bauern, Jäger und Sammler, wurden mithilfe der DNA untersucht. Auch die Menschen, die Stonehenge bauten, eine hoch entwickelte Gruppe in Europa, waren Quellen für DNA-Proben, wobei alte DNA ein neues wissenschaftliches Instrument ist, das in die Hände von Archäologen gelegt werden muss. Eine umfassende genomische Bewertung der Elefantiden hat gezeigt, dass die Vorfahren der afrikanischen Wald- und Savannenelefanten vor 500.000 Jahren vollständig als separate Arten isoliert waren [2]. Ein internationales Team um den

Anthropologen Ron Pinhasi (Universität Wien, Österreich) hat Reichs Vision von alter DNA bestätigt und Einblicke in Migrationen in der Stein- und Bronzezeit offenbart. In andere Regionen kam die Beaker-DNA durch Migration, am prominentesten in Großbritannien. In 155 Proben fand man DNA, die zwischen 3000 und 6000 Jahre alt war.

Im Botanischen Garten in Genf, Schweiz (siehe auch Kap. 3) stellt das Herbarium eines der Juwele des Gartens dar. Das Herbarium ist eines der älteren und wurde von Augustin-Pyramus de Candolle (1778–1841) gegründet. Mit über 400.000 Exemplaren von gepressten und getrockneten Pflanzen, die seit 1794 gesammelt wurden, wird das Herbarium heute an einem klimatisierten Ort aufbewahrt und von Forschern aus aller Welt besucht. Die Proben werden von der Entnahme von Pflanzen-DNA getrennt: Millionen kleiner DNA-Fragmente werden in einem Experiment sequenziert und dann wieder zusammengefügt, um das gesamte Genom einer Pflanze zu rekonstruieren. Internationale Genomdatenbanken von Pflanzen umfassen derzeit etwa 17.000 Arten und können nach Pflanzenreich, Gruppe und Untergruppe sortiert werden.

Medawars Idee, manchmal als „Mutationsakkumulation" bezeichnet, schlägt vor, dass spät wirkende Allele, die durch Keimbahnmutationen entstehen, die natürliche Selektion umkehren könnten, selbst wenn die Mutation wichtige Merkmale wie Überleben und Fortpflanzung beeinflusst. Über mehrere Generationen könnten sie sich dann im Genom ansammeln. In der Transfusionsmedizin ist bekannt, dass sich die AB0-Blutgruppen aufgrund der Auswirkungen von Krankheiten wie Leukämie oder anderen Bedingungen, die das Genom beeinträchtigen, ändern können. Pleiotrope Gene, die entgegengesetzte Effekte auf die Fitness in verschiedenen Altersstufen haben, können in späteren Altersstufen schädlich werden, wenn die Selektion schwach ist, „antagonistische Pleiotropie". Wie Thomas B.L. Kirkwood darlegt, bildeten die Theorien der Mutationsakkumulation und der antagonistischen Pleiotropie das Rückgrat für einen Großteil des aktuellen Denkens über die evolutionäre Genetik des Alterns. Die Seneszenz findet hier ihren genetischen Hintergrund. In den letzten Jahren wurde bekannt, dass phänotypische Variation auf zellulärer und organismischer Ebene auf Veränderungen der epigenetischen und epitranskriptomischen Landschaften zurückzuführen ist, die durch eine Reihe von Modifikationen an Chromatin und RNA vermittelt werden. Es ist nun unbestritten, dass die Dysregulation von Chromatin- und RNA-Modifikationen menschlichen Krankheiten und, warum nicht, der Seneszenz zugrunde liegt.

Es wurde behauptet, dass genetische Varianten das Risiko haben, Krankheiten zu verursachen. Der Fehler betraf auch das Ein- und Ausschalten zur richtigen Zeit. DNA ist eine Doppelhelix und besteht aus zwei Strängen, die aus Polynukleotiden bestehen, die in entgegengesetzte Richtungen angeordnet sind – jede Kette ist ein Polymer aus Untereinheiten, die Nukleotide genannt werden –, daher der Name Polynukleotid: Guanin, Adenin, Cytosin und Thymin (Abb. 2.1). Jeder Strang verwendet ein Rückgrat, das aus miteinander verbundenen Zuckermolekülen besteht, die durch Phosphat verbunden sind. Das 3′C eines Zuckermoleküls ist über eine Phosphatgruppe mit dem nächsten Zucker verbunden. Diese Verbindung wird auch als 3′–5′-Phosphodiesterbindung bezeichnet. Alle DNA-Stränge werden vom 5′- zum 3′-Ende gelesen und enden in einem Zuckermolekül. Jedes Zuckermolekül ist kovalent mit einer von vier

## 2.1 Manipulieren der Hin- und Zurück-Bedeutung mit Genomik

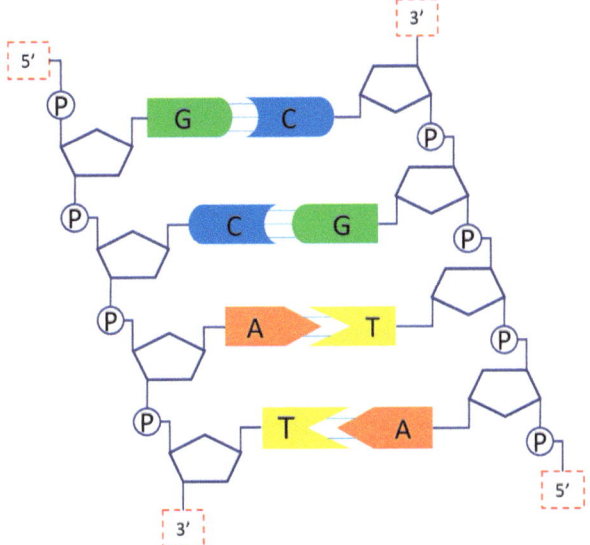

**Abb. 2.1** DNA-Leiter mit ihren Sprossen. Die Sprossen der DNA-Leiter bestehen aus Paaren von vier Chemikalien, den sogenannten Basen, abgekürzt A, C, T, G. Ihr Rückgrat ist eine monotone Kette aus Zuckern und Phosphaten. Der Informationsgehalt liegt in diesen Basen, die im Inneren angeordnet sind, wobei A mit T und C immer mit G paart. Dies ist der Code des Lebens. Wissenschaft und Geheimnis vereinen sich, wenn Bill Clinton (*1946) zu Francis Collins (*1950) sagt: „Wir lernen die Sprache, in der Gott das Leben erschaffen hat." Darüber hinaus lernen wir, die Sequenz der DNA-Komponenten zu manipulieren, um so das Genom zu verändern. Die Einzelzellgenomik steht vor der Tür

möglichen Basen verbunden, den doppelringförmigen Purinen Adenin und Guanin und den einzelringförmigen Pyrimidinen Cytosin und Thymin.

DNA steht im Mittelpunkt unseres Themas der Seneszenz, mit der Einbeziehung zusammengesetzter klinischer Merkmale des phänotypischen Alters, die Unterschiede in der Lebensdauer und der Gesundheitsspanne erfassen. Die CpG-Stellen sind Regionen der DNA, in denen ein Cytosin-Nukleotid einem Guanin-Nukleotid in der linearen Sequenz der Basen entlang der 5′→3′-Richtung folgt. CpG-Stellen treten mit hoher Frequenz in genomischen Regionen auf, die als CpG-Inseln bezeichnet werden. Die genetische Sequenz allein stellt nicht das vollständige Bild der Genexpression oder der zellulären Funktion dar. Epigenetische Mechanismen, wie die Methylierung von DNA, beeinflussen die Genaktivität, ohne die DNA-Sequenz zu verändern. Stellen wir uns das Epigenom mit schlecht angepassten DNA-Locken vor, die als Histone bezeichnet werden, welche spezialisierte Proteine sind. Haarsträhnen, d. h. eng gewickelte DNA-Abschnitte, sind inaktiv. Diese Strähnen, die etwas entfernt liegen, sind aktiv und interagieren mit Biochemikalien in der Umgebung – wenn wir altern, werden die Locken locker und DNA-Sätze werden freigesetzt. Kleine, aber bedeutende Teile der DNA sind gebrochen: Fehler im Epigenom führen zu Krankheiten wie Krebs, Alzheimer und Herz-Kreislauf-Problemen. Genomische Aktivität ist in diesem Beispiel eine schlechte Eigenschaft.

Cytosine in CpG-Dinukleotiden können methyliert werden, um 5-Methylcytosine zu bilden. Enzyme, die eine Methylgruppe hinzufügen, werden DNA-Methyltransferasen genannt. Bei Säugetieren sind 70 % bis 80 % der CpG-Cytosine methyliert. Die Methylierung des Cytosins innerhalb eines Gens kann dessen Expression verändern, ein Mechanismus, der Teil eines größeren Wissenschaftsfeldes ist, welches die Genregulation untersucht und als Epigenetik bezeichnet wird. Methylierte Cytosine mutieren oft zu Thyminen. Beim Menschen enthalten etwa 70 % der Promotoren, die sich in der Nähe der Transkriptionsstartstelle eines Gens befinden (proximale Promotoren), eine CpG-Insel. Die Alzheimer-Gen-Prädisposition bezieht sich auf das Gen, das mit APOE4 bezeichnet wird. Bei diesen Individuen verdoppelt oder verdreifacht die DNA das Risiko, Alzheimer zu entwickeln, verglichen mit jemandem ohne dieses Gen. Menschen mit zwei Kopien von APOE4 haben ein acht- bis zwölfmal so hohes Risiko, die Krankheit zu entwickeln, wie diejenigen mit anderen Versionen von APOE.

Die Untersuchung der Transkription genetischer Informationen auf nuklearer Ebene, geleitet von Transkriptionsfaktoren, entwickelt sich derzeit zu einem revolutionären Werkzeug. Forschungsgruppen auf der ganzen Welt – wir zitieren hier eine von der Graduate School of Medicine in Kyoto, Japan, die solche Faktoren untersucht, um die Evolution von Blutzellen von den Anfängen in Schwämmen bis zur menschlichen Spezies zu erforschen (Nagahata Y et al.). Durch den Vergleich von Genexpressionsmustern in phagozytischen Zellen von Mäusen mit denen eines Manteltieres (marines wirbelloses Tier) wurde der Transmissionsfaktortyp CEBP alpha als ein Entstehungsfaktor des ursprünglichen Blutzellvorfahren phagozytischer Zellen identifiziert, der ein phagozytisches Programm von einzelligen Organismen erbt (Graf Th.) [3, 4].

DNA kann jetzt so gestaltet werden, dass sie sich selbst zu Zielstrukturen zusammenfügt, aber die Größe und Menge der Objekte, die hergestellt werden können, sind begrenzt. Wie in Abb. 2.2 zu sehen ist, spaltet das Enzym Helikase die DNA in zwei Stränge, um das Kopieren des Moleküls zu ermöglichen.

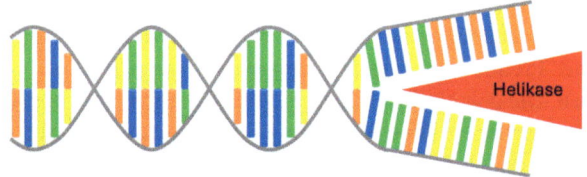

**Abb. 2.2** Durch Helikase induzierte DNA-Spaltung. DNA-Histone bieten der DNA strukturelle Unterstützung. Damit DNA-Moleküle, selbst die sehr langen, in den Zellkern passen, müssen sie sich um Komplexe von Histonproteinen wickeln, was zu einer kompakteren Form führt. Einige Varianten von Histonen sind mit der Regulation der Genexpression verbunden, und viele von uns glauben, dass dies etwas mit der Seneszenz zu tun hat, die die Lebensuhr beeinflusst. Helikase kann als Motor angesehen werden, der die Basenpaarungsenergie der DNA aufbricht. Patienten mit der beschleunigten Alterungskrankheit Werner-Syndrom zeigten eine unausgeglichene Helikase-Aktivität. Quae veritati operam dat, incomposita sit et simplex. (Seneca, Brief 40: Der Stil, den wir hier anwenden müssen, muss unkompliziert und einfach sein)

Die Polymerase-Kettenreaktion (PCR) ist eine Methode zur Herstellung exakter Kopien genetischer Sequenzen. Die Idee kam Kary Mullis (1944–2019) 1983 in Kalifornien, als er davon träumte, genetische Fragmente zu synthetisieren, eine Vorstellung, die ihm den Nobelpreis einbrachte. Ein Paar Primer umklammert die gesuchte DNA-Sequenz und kopiert sie mithilfe der DNA-Polymerase, eine Technik, die die Amplifikation eines kleinen DNA-Abschnitts ermöglicht und mittlerweile ein Standardverfahren in molekularbiologischen Laboren ist. Die PCR-Technik erhitzt zunächst die DNA, um ihre Doppelhelixstruktur in zwei Stränge zu zerlegen. Anschließend wird sie auf eine kühlere Temperatur gebracht, die es maßgeschneiderten Reagenzienprimern (die man kaufen kann) ermöglicht, an spezifische Zielsequenzen innerhalb der Stränge zu binden. Die Proben werden dann wieder erwärmt, und Enzyme beginnen, die Primer abzuspalten, um die komplementären DNA-Sequenzen zu replizieren. Der Zyklus wird dann wiederholt, und letztendlich werden mit jedem Zyklus viele Kopien der Zielstränge erzeugt. Spezielle fluoreszierende Marker werden später der Probe hinzugefügt, um das Vorhandensein dieser amplifizierten kurzen DNA-Sequenzen von Interesse zu kennzeichnen. Die Natur schafft Selbstmontagemechanismen, um bestimmte Formen und Strukturen zu erzeugen, von den tertiären Strukturfaltungen von Proteinen bis zur Bildung von Lipiddoppelschichten und den ausgewogenen Wechselwirkungen der gesamten biologischen Systeme der Erde. Designer-Nanostrukturen aus DNA, wie Biopolymere DNA, RNA, können biomimetische Strukturen zusammenbauen, die sogar miteinander kommunizieren können, um Funktionen zu regulieren. Jetzt, da COVID gezeigt hat, wie wichtig Tests in der SARS-CoV-2-Corona-Virus-Patientenversorgung sind, werden tragbare und schlanke Geräte entwickelt; Alveo Technologies hat kürzlich ein tragbares PCR-Testgerät für die Molekulare Diagnostik entwickelt, das in 30 min Ergebnisse liefert. Das Ingenieurbüro *Solarkiosk Solutions* entwickelt eine PCR-Technik, die ihre Energie aus Solarenergie bezieht, eine sehr willkommene Option in Afrika, wo in bestimmten Regionen keine Anschlüsse an das Stromnetz möglich sind. Das Wiederauftreten reaktiver PCR-Tests auf COVID-19-Erkrankungen, selbst in Abwesenheit von Symptomen, ist jetzt eine häufige Feststellung: Warum? Eine Erklärung findet sich in dem, was Genetiker „Reverse-Transkription" nennen, ein Phänomen, das die Integration von SARS-CoV-2-RNA in das Genom beinhaltet [5]. Virale Sequenzen integrieren sich mit Unterstützung von viraler subgenomischer RNA in die DNA der Wirtszellen. Solche Transkriptionen von integrierter viraler DNA in die DNA der Wirtszelle sind verantwortlich für reaktive PCR lange nach der Erstinfektion. Diese virus-spezifischen Abschnitte von PCR-reaktiver DNA werden als Long interspersed nuclear element (LINE) Retrotransposons bezeichnet. Hoffentlich reaktivieren sie sich nicht und initiieren ein wiederkehrendes COVID-19, aber wir können nicht ausschließen, dass sie für die Post-COVID-19-Erkrankung verantwortlich sind. Beim Varizella-Zoster-Virus kann eine Virus-Reaktivierung beobachtet werden. Jahrzehnte nach der Erstinfektion mit der Varizellen-Erkrankung (Windpocken), kann es bei Immunoseneszenz zur Entwicklung der Herpes-Zoster-Erkrankung (Gürtelrose) kommen.

Kliniker könnten erstaunt sein, wie schnell der Fortschritt dem Duktus von Dugald Stewart (1753–1828) folgt: „Die Fähigkeit der Vorstellungskraft ist die Hauptquelle der Verbesserung". Die Natur schwingt einfach ihre Macht und nutzt jede besondere Schwäche, um selbst die Stärksten ihrer bewusst zu machen. Seneca zitiert in seinem Brief eines Stoikers XI das Erröten, d. h. die Eigenheit, die Gesichter von Männern selbst mit dem würdevollsten Auftreten plötzlich rot werden zu lassen. Dies ist bei jüngeren Individuen mit ihrem „heißeren" Blut und empfindlichen Teint auffälliger; dennoch sind sowohl erfahrene Männer als auch alternde Männer davon betroffen: – so als würden – „philosophisch betrachtet" – native DNA und reparierte DNA gleich reagieren.

Mit zunehmendem Alter verlieren wir unsere Fähigkeit, DNA zu reparieren – Seneszenz in ihrer besten Form. Die DNA-Reparatur ist entscheidend für die Zellvitalität, das Überleben der Zellen und die Krebsprävention, doch die Fähigkeit der Zellen, beschädigte DNA zu reparieren, nimmt aus Gründen, die nicht vollständig verstanden werden, mit dem Alter ab. Mit der CRISPR-Cas-Technologie wurde es vorstellbar, die DNA-Gesundheit bei ihrer Reparatur zu beeinflussen. Offensichtlich muss diese Technologie strengen ethischen Regeln folgen: das Bearbeiten von Genomen ist eine verführerische Möglichkeit und Gegenstand spektakulärer Schlagzeilen, die früher oder später voller Lücken sind – ein Forscher schockierte kürzlich die Welt, indem er „Babys mit bearbeiteten Genomen" schuf. Eine Schwierigkeit dabei wird sein, sicherzustellen, dass alle neuen Regeln eingehalten werden, ohne solide Wissenschaft zu behindern. Forscher unter der Leitung von Wissenschaftlern der Harvard Medical School enthüllen einen kritischen Schritt in einer molekularen Ereigniskette, die es Zellen ermöglicht, ihre gebrochene DNA zu reparieren. Keimbahnmutationsanalysen bei Chromosomenbrüchen in Blut oder Fibroblasten sind jetzt med. Laboranalysen, die zur Diagnose erblicher Krankheiten, meist autosomal, verwendet werden können. Dies ist auch die Ansicht der Molekularbiologin aus Rom (Italien); Isabella Saggio (La Sapienza) [6]. Die Ergebnisse bieten kritische Einblicke, wie und warum die Fähigkeit des Körpers, DNA zu reparieren, im Laufe der Zeit abnimmt und weisen auf eine bisher unbekannte Rolle des Signalmoleküls Nicotinamid-Adenin-Dinukleotid (NAD) als Schlüsselregulator von Protein-zu-Protein-Interaktionen in der DNA-Reparatur hin. NAD wurde früh im letzten Jahrhundert identifiziert und ist bereits bekannt für seine Rolle als Regulator der zellschädigenden Oxidation. Der NAD-Vorläufer Nikotinamid beeinflusst mitochondriale Dysfunktion und das metabolische Syndrom, die mit Fettleibigkeit verbunden sind. David Sinclair, australischer Biologe (*1969) des Paul F. Glenn Center for Biology of Aging Research an der Harvard Medical School, fand heraus, dass das Protein, das DNA repariert, PARP2, mit zunehmendem Alter beeinträchtigt wird. Dies geschieht durch ein anderes Protein, das an PARP2 haftet: dieses Protein, genannt DBC1, stoppt die Funktion von PARP2. Die Forscher fütterten alte Mäuse mit einem Molekül namens NMN, dann wandelten die Mäuse es in NAD um. NAD, das Mäusen verabreicht wurde, trennt den PARP2-DBC1-Komplex, wodurch PARP2 in der DNA-Reparatur so aktiv wird, wie es seine Aufgabe in einer jungen Maus erfüllt: die DNA-Kapazität der alten Maus kehrt zu der des jungen Labortiers zurück.

In diesem Schaltkreis sind Proteine wichtige Akteure. Die am besten verstandenen Gene sind diejenigen, die für ein Protein kodieren. Dieser Prozess bein-

## 2.1 Manipulieren der Hin- und Zurück-Bedeutung mit Genomik

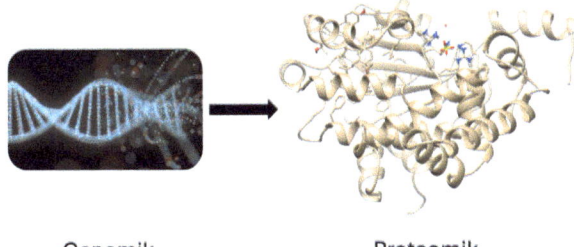

Genomik          Proteomik

**Abb. 2.3** Genomik als Rückgrat der Proteomik. Die Struktur und Funktion von Proteinen werden im Detail durch DNA-Sequenzen programmiert. Dieses Diagramm zeigt grob die Beziehung zwischen Genomik und Proteomik. Jede Proteinanalyse hängt zu 100 % von der DNA-Programmierung mit RNA zur ribosomalen Montage ausgewählter Aminosäuren ab

haltet zunächst die Herstellung einer RNA-Kopie der DNA; diese RNA wird dann zu den Ribosomen transportiert, die unsere Proteinfabriken sind. Wir haben in den letzten 20 Jahren gelernt, dass Proteine nicht nur das Ergebnis und Produkt genetisch kodierter Aminosäuresequenzen sind, die zusammengebaut und gefaltet werden, sondern nein, Proteine schaffen ihre eigene Welt, Enzyme sind sicherlich ein Teil davon (Abb. 2.3). Aromatische Reste gruppieren sich im Kern gefalteter Proteine, und aromatische Seitenketten führen Ringflips durch – das heißt, 180°-Drehungen; es wurde vorgeschlagen, dass durch diese Drehbewegungen die umgebende Proteinumgebung beeinflusst wird. Die strukturellen Details könnten die Seneszenz beeinflussen. Mit der NMR (Nuclear Magnetic Resonance) wurden bei Proteomik-Analysen umgedrehte (flipping) Tyrosin-Seitenketten in Sequenzanalysen identifiziert, und somit könnte die lokale Umgebung des Proteoms das Altern beeinflussen [7].

Wie lange wir leben, wird durch eine Reihe von Faktoren bestimmt, einschließlich unseres Lebensstils und wie gut wir biologische Elemente ab der Lebensmitte handhaben. Allerdings spielen auch die Genetik und die Lebensdauer unserer Eltern eine Rolle. Jetzt hat sich die Anzahl der Gene, von denen wir wissen, dass sie die Lebensdauer beeinflussen, erweitert, was möglicherweise den Weg zu neuen Therapeutika ebnet (siehe Kap. 10). Die Studie, die vom Medical Research Council in Grossbritannien finanziert und in Zusammenarbeit mit einer Reihe von US-Universitäten durchgeführt wurde, suchte genomweit nach Varianten, die beeinflussen, wie lange die Eltern der Teilnehmenden lebten. Das Team untersuchte 389.166 Freiwillige, die an der UK Biobank teilgenommen hatten, welche durch die U.S. Health and Retirement Study und die Wisconsin Longitudinal Study bestätigt wurde. Die DNA-Proben der Freiwilligen tragen das Erbgut ihrer biologischen Eltern in sich und bieten somit eine praktische Möglichkeit zur Untersuchung außergewöhnlicher langer Lebensspannen. Acht genetische Varianten wurden bereits mit der Lebenserwartung in Verbindung gebracht, die vor allem bei der Herzkrankheit und bei Demenzerkrankungen eine Rolle spielen. Die neueste Studie hat dies auf insgesamt 25 Gene erweitert, wobei einige spezifisch für die Lebensdauer von Müttern oder Vätern sind. Dr. Luke Pilling (Exeter Research Center, UK), der die Analysen durchführte, sagte: „Wir haben neue Wege identifiziert, die zum Überleben beitragen, sowie andere bestätigt. Diese Ziele, einschließlich entzündlicher und kardiovaskulärer Wege, bieten potenziell modifizierbare Anhaltspunkte, um das Risiko eines frühen Todes zu verringern und die Gesundheit zu verbessern."

Medikamente, die auf Seneszenz abzielen, haben bereits gezeigt, dass sie das Leben von Labortieren verlängern (siehe Kap. 10). Gene, die mit Entzündungen und Autoimmunität in Verbindung stehen, waren ebenfalls prominent, was die Möglichkeit eröffnet, dass präzise entzündungshemmende Behandlungen hilfreich sein könnten, um das Leben zu verlängern. Die Ergebnisse bestätigen, dass viele genetische Varianten zusammenwirken, um die menschliche Lebensdauer zu beeinflussen: Es wurde bisher keine einzelne Genvariante gefunden, die verantwortlich ist. Die Studie fand Hinweise darauf, dass die genetischen Varianten für die durchschnittliche Lebensdauer auch eine außergewöhnlich lange Lebenserwartung beeinflussen. Ein genetischer Risikoscore, der die zehn wichtigsten Varianten kombiniert, war statistisch mit Eltern assoziiert, die Hundertjährige sind [8].

Die Lebensverlängerung hängt zumindest teilweise davon ab, Krebs zu vermeiden. Personen, bei denen Krebs vermutet wird, unterziehen sich Bildgebung und Biopsie – Proben des Tumors werden entnommen und unter dem Mikroskop untersucht, eine Untersuchung, die Tage, wenn nicht Wochen dauert, bis das Ergebnis bekannt wird. Seit Kurzem wird eine Analyse, die jetzt als Metapher „flüssige Biopsie" bezeichnet wird, zunehmend verwendet und auf ihre Wirksamkeit getestet, um Anzeichen von Krebs in einer Blutprobe zu finden: Ein Dutzend Unternehmen entwickeln ihre eigenen Technologien, und Märkte für solche Tests sind in Sicht. Die Technik basiert auf zirkulierender Tumor-DNA (ctDNA), einem Teil der DNA, der seinen Weg in das zirkulierende Blut findet. Die Amplifikation und Sequenzierung solcher DNA sind leicht verfügbar. GRAIL, ein Unternehmen, das von Illumina ausgegliedert wurde, plant klinische Studien, und ctDNA könnte den Status eines Biomarkers erlangen. DNA-Technologie steht auch an der Schwelle, wenn es um die Impfstoffentwicklung geht. Genetische Impfstoffe nehmen die Form von DNA oder RNA an, die gewünschte Proteine kodieren – nach Injektion. Die Gene gelangen in die Zellen, die dann die immunogenen Proteine produzieren – ein internalisiertes Impfstoffantigen, sozusagen.

Deborah Nickerson (1954–2021), die Forscherin der Humangenomik, die half, Gene zu entdecken, die für Herz-Kreislauf-Erkrankungen und Autismus verantwortlich sind, nutzte die Ergebnisse des Humangenomprojekts, um die Gene von Tausenden gesunder Menschen zu sequenzieren und zu zeigen, wie genetische Variation genutzt werden könnte, um spezifische Gene zu identifizieren, die erbliche Störungen verursachen. Dr. Nickerson nutzte Technologien, die die DNA-Sequenzierung kostengünstiger machten; mit ihnen erstellte sie einen Katalog menschlicher genetischer Variation aus einer vielfältigen Population, indem sie die Gene von mehr als 6500 Freiwilligen sequenzierte. Sie stellte diesen dann anderen Forscher:innen online zur Verfügung, die ihn weiterentwickelten. Es hat U. Nydegger immer erstaunt, dass die DNA von Tieren, sogar die von Pflanzen, sich nicht so sehr von der DNA von uns Menschen unterscheidet. Menschen haben etwa 20.000 Gene auf ihren 23 Chromosomenpaaren.

Das Humangenomprojekt, geleitet vom U.S. Human Genome Research Institute, hat eine große Anzahl von Genverknüpfungen mit bestimmten Krankheiten aufgedeckt. Gesunde DNA wurde von einem der großen Namen auf diesem Gebiet, Francis S. Collins (*1950), als „Die Sprache des Lebens" bezeichnet, denn für ihre Bildung und für ihre Erhaltung liest der Organismus die Anweisungen, was auf seinem Genom zu tun ist. Collins beschreibt in seinem Buch den Fall von Meg Casey, einer Frau, die an einer Störung des beschleunigten Alterns leidet, d. h. Progerie, manchmal auch als Hutchinson-Gilford-Progerie-Syndrom (HGPS) bezeichnet, eine seltene Krankheit. Bei Progerie-Patienten ist das Protein Lamin von einem einzigen mutierten Buchstaben im DNA-Code betroffen, einem T, das als C gelesen werden sollte, in der Mitte eines Gens, das das Protein Lamin A kodiert [9].

Wenn man im Jahr 2017 eine zusammengestellte Liste der am meisten untersuchten Gene durchsieht – eine Art „Top-Hits" des menschlichen Genoms und mehrerer anderer Genome – stößt man auf TP53, einen Hit, der durch seine Tumorsuppressor-Überwachung erklärt wird und weithin als Wächter des Genoms bekannt ist: Es ist in etwa der Hälfte aller menschlichen Krebserkrankungen mutiert – kein Gen ist wichtiger. In 40.000 Forschungsarbeiten schaffen es die folgenden Genzuweisungen in die Top Ten: TP53, TNF, EGFR, VEGFA, APOE, IL6, TGFB1 und MTHFR. Das ist erstaunlich, weil wir 20.000 Gene haben, und es zeigt, wie viel wir nicht wissen, weil wir es einfach nicht erforschen, sagt Helen Anne Curry, eine junge Wissenschaftshistorikerin an der University of Cambridge, UK. Als U. Nydegger in den 1980er-Jahren als Hämatologe aktiv Projekte durchführte, machte die genetische Forschung große Fortschritte bei der Untersuchung von Hämoglobin, dem sauerstofftragenden Molekül, das in roten Blutkörperchen vorkommt. Mehr als 10 % aller Studien zur Humangenetik vor 1985 befassten sich in irgendeiner Weise mit Hämoglobin.

Telomere sind schützende Anfänge und Enden, die die Chromosomen umschließen. Der Verlust der strukturellen Integrität und die beschleunigte Telomerverkürzung sind beide mit biologischem Altern und einem erhöhten Krankheitsrisiko verbunden. Epigenetische Faktoren, einschließlich der DNA-Methylierung, sind wichtig für die Erhaltung der Telomere.

## 2.2 Genscheren-Technologie – CRISPR

Die Einfachheit der Verwendung von Genscheren löst Euphorie aus, ist aber auch in Bezug auf Ethik ein großes Anliegen. Untersuchungen zeigen, dass die DNA-Sequenzen bakterieller Gene regelmäßig durch kurze Sequenzen viraler DNA unterbrochen sind: Forscher kamen so auf die Idee, dass die Chromosomen dies tun, um ein immunologisches Gedächtnis dessen, was passiert ist, aufrechtzuerhalten. Dank der Einbeziehung von Clustered Regularly Interspaced Short Palindromic Repeats (CRISPR) in ihre Sequenzen identifizieren die Bakterien sofort den Angreifer. Die beiden Forscherinnen Emmanuelle Charpentier (*1968) und Jennifer Doudna (*1964) kamen auf die Idee, CRISPR so zusammenzustellen, dass es ein Gen identifizieren kann, das wir bearbeiten möchten. Heute wird die molekulare Schere Cas9 eingesetzt, um DNA zu schneiden.

In diesem Stadium kann man das Gen durch ein gewünschtes Ersatzgen ersetzen, ähnlich wie wir einen neuen Textabschnitt in ein Dokument einfügen, oder man lässt die Reaktion ablaufen, woraufhin die Zelle den Schnitt selbst repariert, was fehleranfällig ist. Mit CRISPR ersetzt man also ein Gen oder schaltet ein Gen aus. Im Vergleich zu älterer Gentechnologie ist CRISPR schneller, billiger und einfacher durchzuführen: Monate der Arbeit werden jetzt durch wenige Tage des Bemühens ersetzt. Gentechnologie erreicht Standards der Massenproduktion. Zum Zeitpunkt dieses Schreibens können nicht nur seltene Krankheiten (z. B. Horton-Krankheit), sondern auch häufigere Störungen, wie hypertrophe Kardiomyopathie, verhindert werden, wie kürzlich von Shoukhrat Mitalipov (*1961) von der Oregon Health & Science University in Portland, Oregon, USA, gezeigt wurde. So verwendeten z. B. Forscher das Sperma von Männern, die das MYBPC3-Gen tragen, sowie gesunde Eizellen: Bei einer solchen Maßnahme waren 72 % von 58 genetisch modifizierten Embryonen frei von der pathologischen Mutation [10].

Genomik und Proteomik sind transitive Wissenschaften, d. h. wir betrachten sie von der Laborbank aus, wir bewundern die Intelligenz/Innovation der Natur. Die allopatische Speziation, die evolutionäre Entwicklung einer neuen Art nach einer territorialen Trennung, kann den Genfluss verringern, wenn eine geografische Barriere identische Arten voneinander trennt. Dadurch wird die genetische Divergenz gefördert. Einige Leute kehrten diese Ansicht um und verwendeten neuartige Techniken, um von uns Menschen produzierte Daten zu speichern – wie ein Computer „in dem wir Daten speichern, registrieren, herunterladen und sichern können". So baute der Nanotechnologe Ned Seeman (1945–2021) die ersten selbstorganisierenden DNA-Strukturen. Seine Gruppe berichtete über den offenbar erfolgreichen Bau von 2D-DNA-Arrays, bei denen DNA-Kacheln entstehen, die sich nach einem Algorithmus selbst zu einem zusammenhängenden Mosaik zusammensetzen und dabei Berechnungen durchführen [11]. DNA-Nanotechnologie könnte eines Tages die elektromechanische Berechnung vervollständigen.

Mehrere Unternehmen investieren derzeit viel Energie in genbasierte (therapeutische, lebensverändernde) Interventionen. Genexpressionsprofilierung (GEP) und DNA-Methylierungsanalysen werden die Diagnose des Seneszenzstadiums noch präziser machen – Schlüsselgene eingeschlossen. Als Beispiel sei Sangamo Therapeutics, Inc. genannt, das sich der Transformation des Lebens von Patienten mit schweren genetischen Erkrankungen verschrieben hat: Sangamo ist tatsächlich eine junge Biotechnologie Firma, welche sich der Zell- und Gen-Therapie verschrieben hat, um (ursprünglich) Hämophilie-Patienten zu behandeln. Bei monogenen Erkrankungen wird ein essentielles Protein aufgrund einer Mutation hauptsächlich falsch oder in unzureichenden Mengen zusammengesetzt. Gentherapie bedeutet demnach, eine neue Gen-Kopie herzustellen, um ein defektes Gen zu ersetzen.

## Literatur

1. Green RE, Krause J, Briggs AW, Maricic T, Stenzel U, Kircher M et al (2010) A draft sequence of the Neandertal genome. Science (80) 328(5979):710–722
2. Palkopoulou E, Lipson M, Mallick S, Nielsen S, Rohland N, Baleka S et al (2018) A comprehensive genomic history of extinct and living elephants. Proc Natl Acad Sci USA 115(11):E2566–E2574
3. Nagahata Y, Masuda K, Nishimura Y, Ikawa T, Kawaoka S, Kitawaki T et al (2022) Tracing the evolutionary history of blood cells to the unicellular ancestor of animals. Blood 140(24):2611–2625
4. Graf T (2022) When and how did the first blood cells evolve? Blood 140(24):2531–2532
5. Zhang L, Richards A, Inmaculada Barrasa M, Hughes SH, Young RA, Jaenisch R (2021) Reverse- transcribed SARS-CoV-2 RNA can integrate into the genome of cultured human cells and can be expressed in patient-derived tissues. Proc Natl Acad Sci USA 118(21):e2105968118
6. Saggio I (2022) L' età, se esiste. Saremo tutti immortali? S 144
7. Mariño Pérez L, Ielasi FS, Bessa LM, Maurin D, Kragelj J, Blackledge M et al (2022) Visualizing protein breathing motions associated with aromatic ring flipping. Nature 602(7898):695–700
8. Pilling LC, Kuo CL, Sicinski K, Tamosauskaite J, Kuchel GA, Harries W et al (2017) Human longevity: 25 genetic loci associated in 389,166 UK biobank participants. Aging (Albany NY) 9(12):2504–2520
9. Collins FS. The language of life: DNA and the revolution in personalized medicine, 368 S
10. German DM, Mitalipov S, Mishra A, Kaul S (2019) Therapeutic genome editing in cardiovascular diseases. JACC Basic Transl Sci 4(1):122–131
11. Winfree E, Liu F, Wenzler LA, Seeman NC (1998) Design and self-assembly of 2D DNA crystals.pdf. Nature 394:539–544

# Seneszenz bei Pflanzen

**3**

*Cupidus Rerum Novarum*
*Sed neque quam multae species, et nomina quae sint, est numerus*
Die Anzahl der Arten ist groß, und wir können (nicht) jede benennen

*(Virgil, Georgica, Lied II.)*

## 3.1 Pflanzen, gute Beispiele für Seneszenz-Informationen

Es ist uns ein Anliegen, wenn wir über das menschliche Leben nachdenken, mit dem Pflanzenleben zu beginnen. Wir wissen, dass der Naturforscher Albrecht von Haller (1708–1777), Vater der modernen Physiologie und Mentor des Albrecht-von-Haller-Instituts an der Georg-August-Universität Göttingen, Deutschland, eine Brücke von der Botanik zur Medizin schlug; von Humboldt verbrachte 1789–1790 in Göttingen, sodass er mit den Wundern der Natur vertraut war, die ihm die Welt der Wissenschaft eröffneten. Dieses Kapitel nimmt die Botanik als Teppich und Kulisse, auf der sich die Wissenschaft der Seneszenz entfaltet, einschließlich der „Hin und zurück" – (Back and Forth) gegensätzlichen Ausdrucksweise der englischen Originalausgabe unseres Buches. Experten, die das Weltwirtschaftsforum 2018 in Davos, Schweiz, besuchten, diskutierten Pflanzengenetik als ein Werkzeug der Künstlichen Intelligenz, das Landwirten und der Landwirtschaft zugänglich ist. Oft ist es ein Anreiz, wenn wir versuchen, das menschliche Leben zu verstehen, mit der Erforschung des Pflanzenlebens zu beginnen. Als Pythagoras Indien bereiste, besuchte er die Schule der Gymnosophisten, d. h. indische Philosophen, die Askese betrieben haben und den Menschen die Sprache der Tiere und Pflanzen lehrten. Auf einem Spaziergang entlang eines Küstenfeldes in der Nähe des Ozeans hörte er jemanden sagen: „Wie unglücklich bin ich, als Pflanze geboren zu werden" und später an der Küste fand er eine Auster, die sagte: „O Natur! Die Pflanze, deine Schöpfung, muss so glücklich sein: wenn sie geschnitten wird, wächst sie nach, die Pflanze ist unsterblich" (Voltaire – *Aventure Indienne*, Editions Gallimard 1979, Paris). Viele Mitglieder des Pflanzenreichs sind in der Lage, sich zu reparieren. Eine Fähigkeit, die später in diesem Buch genau untersucht wird, um die Seneszenz zu verlangsamen.

Melatonin, unser zentraler Zeitgeber, zusammen mit Cortisol, wurde 1995 in Pflanzen entdeckt und reguliert das Pflanzenwachstum und die Stressreaktion. Abiotischer Stress, wie Kälte, Hitze und Dürre, wird genetisch kontrolliert, und es wurde gezeigt, dass die Anwesenheit von Melatonin die Blatt-Seneszenz verzögern kann [1]. Als ob *Chimonanthus praecox* (Wintersweet, Chinesische Winterblüte) dem Altern entkommen würde oder es zumindest behindern wollte – es blühte am besten, als U. Nydegger am 5. Januar 2018 den Botanischen Garten von Genf besuchte (Abb. 3.1).

Luc Ferry (*1951) veröffentlichte 1992 sein *Le nouvel ordre écologique – l'arbre, l'animal et l'homme*, was ihm den Jean-Jacques-Rousseau-Preis einbrachte. In seinem utopischen, archaischen und spekulativen Traktat lässt Ferry das Leben und seine Schöpfung auf das Wohlbefinden des blauen Planeten einwirken, einschließlich der Provokation des Klimawandels. Tatsächlich wird das Sonnenlicht von den photoautotrophen Organismen durch das einzigartige Pigment Chlorophyll absorbiert – eine porphyrinartige Ringstruktur mit einem Magnesium im Zentrum.

**Abb. 3.1** *Chimonanthus praecox* (Wintersweet, Chinesische Winterblüte). Man könnte annehmen, dass Wintersweet versucht, die Seneszenz zu verhindern, indem es früh blüht. (Foto von U. Nydegger)

Doppelbindungen ermöglichen es Chlorophyll, Elektronen recht leicht auszutauschen – Porphyrine sind die stabilsten Chemikalien, die auch in Mineralöl und Kohlen vorkommen, Materialien, die bis zu 400 Millionen Jahre alt sind, weshalb wir sie biogenen Ursprungs nennen. Die Photosynthese der Pflanzen folgt der folgenden einfachen Formel:

$$nCO_2 + nH_2O + Light = C_6H_{12}O_6 + nO_2.$$

Wenn man $n = 6$ zuweist, bezeichnet man Glukose ($C_6H_{12}O_6$) als Endprodukt der Photosynthese.

Vor einer Milliarde Jahren hatten Pflanzen eine beeindruckende Veränderung in der Umwelt der Erde bewirkt. Chlorophyll, als Sauerstoffproduzent, ist viel älter als Hämoglobin, aber chemisch verwandt. Vor etwa 600 Millionen Jahren wurde der bis dahin monopolistische Griff der Algen gelöst, und neue Lebensformen entstanden während der kambrischen Explosion. Die Überlebensdauer der damals lebenden Organismen wurde hauptsächlich an Pflanzen untersucht, und Experten gehen davon aus, dass ein Baum, der im Perm lebte, eine ebenso lange Überlebenszeit hatte wie ein Baum von heute. Das Paläozoikum (Kambrium, Ordovizium, Silur, Devon, Karbon, Perm) reicht von 542.000.000 bis 252.000.000 Jahre zurück. Das Mesozoikum (Trias, Jura, Kreide) 252.000.000–66.000.000, und das Känozoikum (Paläogen, Neogen, Quartär) von da an bis heute. Der größte Teil der Erdgeschichte kann durch Abfolgen von Gesteinsformationen studiert werden – erst später, ab der Kreidezeit (Kreide), mit fossilen Pflanzeninformationen über frühe Lebensformen. Bestimmte Foraminiferen (Protisten) haben ihre Form seit dem Silur (443 – 416 Millionen Jahre) nicht verändert. Die heutigen Lingulae sind identisch mit den Lingulae aus dem Paläozoikum, eine Beobachtung, die im Kontext des Zeitablaufs im Klassiker *L'évolution créatrice* von Henri Bergson (1859–1941) gründlich behandelt wird. Es wird vermutet, dass ein damals lebender Organismus denselben Alterungsprozess durchlief wie heute. Dieser Olivenbaum aus Sardinien erreicht 700 Jahre und ist ein Entkommener (Escaper), der eine lange Phase des Alterns überstanden hat (Abb. 3.2).

Die meisten Pflanzen verwenden raffinierte Mittel aus Kombinationen von mechanischen Fallen, wobei auch ballistische Bahnen für diese Fallen genutzt werden. Der wichtigste Prozess, der die Pflanze dabei unterstützt, genetische Informationen während ihrer Differenzierung zu bewahren, ist, dass differenzierte Pflanzen zu embryonalen Stadien zurückkehren können. Dies ermöglicht es der Pflanze, sich zu regenerieren, da ihre totipotenten Zellen sich zurückbilden können. Tatsächlich entwickeln getrennte Begonienblätter Wurzeln nahe dem Trennungspunkt: adventive Sprosse, die aus einer einzigen, embryonal gebildeten Epithelzelle entstehen. In einer Abhandlung mit dem Titel „autonome Bestimmung" sind mehrere Mechanismen an autonomen Wachstumsreizen beteiligt: (i) benachbarte Zellen, (ii) Hormone und (iii) Gallenbildung (organoide oder histoide Variante).

Eine geheimnisvolle Eigenschaft von Pflanzen ist ihre Fähigkeit zur Bewegung. Die am besten verstandene Bewegung beruht auf Turgor und Chemotropismus, was der Pflanze die Möglichkeit gibt, ihre Umgebung mit Tentakeln zu erkunden. Thigmotropismus ist eine Bewegung die als mechanosensorische Reaktion auf einen Be-

**Abb. 3.2** Alter Olivenbaum. Etwa 700 Jahre alter Olivenbaum in Cuglieri (Sardinien, Italien). (Foto mit Copyright von WPW)

rührungsreiz auftritt. Autonome Bewegungen, wie die Reaktion auf Wind, tragen weiter zur wunderbaren Bewegung des Windens von Bohnenpflanzen um einen Stock (links, rechts) bei. Eine Sonnenblume, die ihren Kopf zur Sonne dreht, indem sie ihren Stängel verdreht, ist ein weiteres Beispiel. Wie die Seneszenz diese Eigenschaften beeinflusst, ist im Wesentlichen unbekannt.

Bäume können sehr alt werden: Pappeln und Ulmen überleben bis zu 600 Jahre, Eichen können 1000 Jahre alt werden, und Eiben bis zu 3000 Jahre. Wenn der Experimentator die Zuckerrübe daran hindert zu blühen, wird die Pflanze viele Jahre leben. Der Fokus wurde kürzlich auf die sumpfigen Überschwemmungsgebiete des Black River in South Carolina (USA) gelegt: Nach Jahrhunderten des Schiffbaus mit Holz gibt es nicht mehr viele alte Bäume, außer solchen Exemplaren wie der Angel Oak außerhalb von Charleston. Viele Sumpfzypressen (*Taxodium distichum*) waren über 1000 Jahre alt, als Christoph Kolumbus im Jahr 1492 Amerika entdeckte. Diese Bäume sind ein Beispiel dafür, wie die Umwelt die Seneszenz brechen könnte: Die Bäume wurden von den Sägen der Holzfäller verschont, und solche Ökosysteme sind wichtige Informationsquellen über den Klimawandel. Die Auswirkungen des Klimawandels werden nun aus dem Weltraum sichtbar. Die globale Erwärmung fällt denjenigen ins Auge, die auf diese europäische Gebirgskette blicken, die sich vom Mittelmeer bis zum Kaukasus erstreckt. Über der Baumgrenze zeigt sich die Vegetation an Stellen, die früher von Schnee und Gletschern bedeckt waren, in Grün [2]. Das Swiss

3.1 Pflanzen, gute Beispiele für Seneszenz-Informationen

**Abb. 3.3** Blatt-Seneszenz. Sobald der Sommer vorbei ist, verliert Chlorophyll ($C_{55}H_{72}O_5N_4Mg$) Magnesium und ändert das Lichtspektrum von grün zu gelb (oder rot). Die Laubsaison in Neuengland, USA, ist für den Beobachter wunderbar

Plant Science Web ist eine Gruppe von etwa 130 Botanikern (www.swissplantscienceweb.unibas.ch), und viele von ihnen befassen sich mit Populationsgenomik, einschließlich Naturschutzbiologie, Epigenetik und anderem. Dennoch zeigen diese Forschungsprojekte, dass der arboreale Koloss Angel Oak bis zu 1.400 Jahre alt sein soll. Solche Pflanzen gehören zu den ältesten östlich des Mississippi River, auf Johns Island in South Carolina, USA, die immer noch wachsen, zumindest die Blätter jede Saison. Angel Oak ist 66,5 Fuß (20,3 m) hoch und 22,5 Fuß (6,9 m) im Umfang und bietet außergewöhnliche 17.200 Quadratfuß Schatten (1598 m2) [3].

Pflanzenblätter (Abb. 3.3) folgen einer reproduzierbaren Lebensgeschichte und sind leicht zugänglich für experimentelle Untersuchungen.

Pate für die Wissenschaft der Genetik sind jene Studien an Bohnen, die in einem Kloster von Gregor Mendel (1822–1884) durchgeführt wurden. Kreuzungsexperimente mit weiß und rot blühenden Bohnen in Brünn, heute in der Tschechischen Republik, damals Teil des österreichisch-ungarischen Reiches, Provinz Mähren, wurden lange vor James Watson (*1928) und Francis Crick (1916–2004), die DNA als die Sprache des Lebens in Form von Bausteinen für Chromosomen und Gene enthüllten, akribisch entworfen. Als Mendel in die Augustinerabtei eintrat, übernahm er die Verantwortung für einen feinen Garten außerhalb des Refektoriums, der 1830 gegründet wurde und in dem Pflanzen wuchsen, die in Mähren selten zu finden waren, und wo er in Ruhe Setzlinge pikieren konnte, wahrscheinlich sogar bevor der Tag anbrach. Seine Gedanken waren ganz auf Geburt, Wachstum und Fruchtbarkeit gerichtet. Eine Herbar-Sammlung wurde unter der Leitung seines Abtes Napp angelegt, und Mendel konnte seine naturwissenschaftlichen Studien und seine Ausbildung in Botanik fortsetzen und fand dort ideale Bedingungen. Heute verwenden Forscher, Nachfolger von Mendel, gerne eine einjährige Winterblume mit einem kurzen Lebenszyklus, *Arabidopsis thaliana* (*A. thaliana*, Acker-Schmalwand), als Modellpflanze. Die unscheinbare Pflanze ist zu einem beliebten Modellorganismus in der Pflanzenbiologie und Genetik geworden.

Für den komplexen mehrzelligen Eukaryoten, der sie ist, hat *A. thaliana* ein relativ kleines Genom von etwa 135 Megabasenpaaren. Es war die erste Pflanze, deren Genom sequenziert wurde, und ist ein praktisches Werkzeug zum Verständnis der molekularen Biologie vieler Merkmale, einschließlich der Blütenentwicklung und der Lichtwahrnehmung. Warum nicht die Entwicklung der Seneszenz?

Welche Ähnlichkeit zwischen dem Substantiv Cytokine, das in der Humanmedizin so im Rampenlicht steht, und dem Substantiv Cytokinin. Dieses bezeichnet wichtige Kontrollproteine in den Prozessen, die zur Pflanzenseneszenz beitragen. Cytokinine sind Schlüsselregulatoren einer Vielzahl von Prozessen in der Pflanzenentwicklung, ähnlich wie Auxine und Gibberelline, Hormone, die das Nervensystem ersetzen, das bei Pflanzen jedoch nicht vorhanden ist. Ballaststoffe und Stoffwechselabfallprodukte die übrig bleiben, beschleunigen die Seneszenz – ein Faktum, auf das wir zurückkommen müssen. Viele Phytohormone werden im apikalen Wurzelmeristem synthetisiert und durch den Xylemsaft in der Pflanze transportiert. Cytokinine sind an mehreren physiologischen Prozessen beteiligt, wie der Förderung der Zellteilung und der Reifung von Chloroplasten, der Regulierung von Zellwachstum und -differenzierung sowie der Überwachung der Nährstoffaufnahme und Seneszenz. Zusammen mit Auxin regulieren sie auch den Zellzyklus und die Gewebemorphogenese. Blätter sind praktische Modelle zur Untersuchung der Seneszenz: Im Herbst fallend, schließen sie ihren Lebenszyklus mit einer terminalen seneszenten Phase ab, spiegeln jedoch sicherlich nicht die Seneszenz des Baumes wider. Der Bonsai kennt die Jahreszeiten und wechselt entsprechend sein Blätterkleid (Abb. 3.4).

Botaniker unterscheiden zwischen sequentieller Seneszenz, bei der die älteren Blätter zuerst fallen, und synchroner Blattseneszenz: alle Blätter fallen gleichzeitig. Ein philosophischer Aspekt könnte nahelegen, dass das Fallen der Blätter die Erhal-

**Abb. 3.4** Bonsai – ein Ahorn, noch jung, etwa 20 Jahre. Von seiner natürlichen Umgebung getrennt, im Garten von U. Nydegger, in einem Vorort von Bern, Schweiz, kultiviert, folgt er den jahreszeitlichen Veränderungen (hier aufgenommen im März 2022, links und Mai, rechts). Die asiatischen Kulturen kennen Bonsai-Kulturen seit über 1000 Jahren. Die Idee, einen Bonsai zu züchten, besteht darin, eine miniaturisierte, aber realistische Darstellung der Natur in Form eines Baumes zu schaffen. Das saisonale Laub des Elternbaums wird beibehalten. Bonsais sind genetisch identisch mit ihrer ausgewachsenen Version; Bonsais sind nicht-zwergwüchsige Pflanzen – jede Baumart kann verwendet werden, um einen zu ziehen. (Foto WPW)

tung der Jugendlichkeit des Trägerbaums ermöglicht, was im nächsten Jahr die Blüte im Frühling erlaubt (www.arboretum.harvard.edu). Nicht nur ändern sie im Herbst ihre Farbe, sondern sie bilden auch Falten. Faltenbildung aufgrund von Alter oder überbeanspruchter Haut wird als Ärgernis angesehen, das vermieden werden sollte, oft mit finanziellen Kosten, anstatt als natürliches Zeugnis des Alterns. Pflaumen oder Äpfel bekommen Falten, wenn sie alt werden und austrocknen, und die Erdkruste bekommt Falten als Reaktion auf Plattentektonik. Wenn die Frucht altert, geht Wasser aus dem Inneren verloren, und das Fruchtvolumen reduziert sich, wodurch zu viel Haut außen übrig bleibt.

Die Lebensdauer von Blättern durchläuft eine Reihe von Entwicklungs-, physiologischen und metabolischen Stadien, die der Seneszenz und dem Tod unterliegen. Großzügige Blattseneszenz ermöglicht die Umverteilung zu sich entwickelnden Samen oder anderen Teilen der Pflanze und ist somit eine Strategie, die sich entwickelt hat, um die Fitness der Pflanze zu maximieren. In den letzten zehn Jahren gab es bedeutende Fortschritte beim Verständnis der wichtigsten molekularen Prinzipien der Blattseneszenz dank genetischer und molekularer Studien, die Modelle liefern, wie man Seneszenz beim Menschen beurteilen kann: Anwärter sind der Chlorophyllstoffwechsel, Chromatinspiegel und Transkription unter dem Einfluss von posttranskriptionaler, translationaler und posttranslationaler Regulation.

Dies ist ganz anders bei Holz. Holz ist ein inhomogenes Material – nicht nur unterscheiden sich seine Eigenschaften in verschiedenen Teilen der Mikrostruktur, sondern es gibt auch erhebliche Variationen innerhalb eines Stammes und zwischen Stämmen. Lignin, dieses organische Polymer, und Cellulose ($(C_6H_{10}O_5H)_n$) helfen dem Holz, steif und stark zu bleiben.

Die Unterschiede in den Eigenschaften innerhalb eines Stammes stellen den wichtigsten offensichtlichen Variationsfaktor von Holz dar und sind oft größer als die Variation zwischen den Bäumen [4]. Die Variation innerhalb eines Baumes besteht aus drei Hauptkomponenten: Intra-Ring-Variationen, Ringdichten, Variationen in radialer Richtung durch verschiedene Jahresringe und Variationen in Längsrichtung. Ein Baumring-Datierungssystem hilft, das Wachstum von Bäumen zu verstehen. Die Breiten der Baumringe können gemessen werden, und entsprechend den meteorologischen Bedingungen werden Holzproben durch Quervergleiche mit Datenbanken von Ringbreiten-Referenzsystemen datiert. In der Fachsprache, der Dendrochronologie, heißt das, dass die Zeit das Wachstum entscheidend bestimmt – wird sie auch das Altern des Baumes sichtbar machen? Bäume haben einen Lebenszyklus, der ihr Geheimnis bewahrt, weil die Lebensspannen der Bäume die der Menschen übersteigen. Spezielle Bohrer, die die Rinde in Richtung der zentralen Achse durchdringen, erzeugen Schnitte, die es uns ermöglichen, das Alter eines Baumes zu schätzen. Kiefernholz ist relativ weich und leicht zu verarbeiten, bietet jedoch hohe Festigkeit und Elastizität. Die besten technischen Eigenschaften finden sich in Holz von Bäumen, die im Alter von 80–120 Jahren mit gut bedeckten Ästen gefällt wurden. Die Ausdehnungen von Kiefernholz variieren in axialer und radialer Richtung. Die mechanische Robustheit hängt von den Qualitätseigenschaften in radialer Richtung vom Kern bis zum Umfang ab. So kann die Druckfestigkeit um 45 %, die Biegefestigkeit um 55 % und das Elastizitätsmodul um 99 % verbessert werden.

Die axiale und radiale Variation der getesteten Eigenschaften wird hauptsächlich durch das Vorkommen und den proportionalen Beitrag von Zonen aus jungem und reifem, aber nicht gealtertem Holz erklärt. Diese Beobachtungen machen die Möglichkeit, bestimmte Holzarten zu erhalten, vom Alter der zur Fällung bestimmten Bäume abhängig. Daher kann erwartet werden, dass je älter die Bäume sind und je größer ihr Brusthöhendurchmesser ist, desto größer auch die Menge an wertvollerem Holz sein wird.

Es sollte jedoch auch bedacht werden, dass in besseren und stärkeren Lebensräumen für Bäume die Produktionsperiode im Allgemeinen kürzer ist. Dies hängt hauptsächlich damit zusammen, dass die Bäume das sogenannte technische Reifestadium erreichen. Dies wird durch viele Faktoren bestimmt, die den Alterungsprozess des Baumes beeinflussen, der chemisch reguliert wird. Wenn das Alter eines Baumes etwa 120 Jahre überschreitet, gibt es einen merklichen Rückgang des Zellulosegehalts, und der Abbau von Lignin tritt auf. Das Altern wird auch von Veränderungen in der Farbe des Holzgewebes begleitet: das Kernholz wird röter und das Splintholz gelber. Laut Katalin Kránitz in ihrer Doktorarbeit, verursacht das Altern keine anderen Veränderungen in der Holzstruktur außer den oben genannten, aber es treten Veränderungen in den hygroskopischen Eigenschaften des Holzes sowie leichte Unterschiede in seinen physikalischen und mechanischen Eigenschaften auf [5]. Daher verwenden Geigenbauer Holz, das bis zu 12 Monate im Wasser eingeweicht wurde zum Bau eines Instruments.

Solche Unterschiede wurden in der Herstellung von Musikinstrumenten wichtig. Wir können ins 16. Jahrhundert zurückgehen, als die Geigenbauschule von Cremona (Italien) um die Amati-Familie (1538–1740) routinemäßig Fichtenholz als Decke auf einem Ahorngehäuse für das Instrument verwendete (Abb. 3.5). Dendrochronologische Analysen könnten widersprüchliche Schlussfolgerungen liefern, wenn ihre Ergebnisse verwendet werden, um das Jahr zu bestimmen, in dem eine Geige hergestellt wurde. Beim Schlagzeug des verstorbenen Charlie Watts

**Abb. 3.5** Fichten- und Ahornholz verbinden sich, um eine Rémy-Geige zu bauen. Die Zargen und der Boden sind aus Ahorn, und die Wölbung ist aus Kiefer. Die besten Hölzer, insbesondere für die Decken, wurden über viele Jahre in großen Keilen abgelagert, und der Abklingprozess setzt sich unbegrenzt fort, nachdem die Geige hergestellt wurde. (Foto von U. Nydegger)

(1941–2021) wurden bei den Trommeln ebenfalls verschiedene Hölzer verwendet, um den Beat der Rolling Stones zu verstärken.

Am Institut für Waldökologie, Abteilung für Umweltsystemwissenschaften, Institut für terrestrische Ökosysteme an der ETH Zürich, wird der Klimawandel als Indikator für Seneszenz und Mortalität behandelt, letztere ist ein Schlüsselprozess, der die Dynamik des Waldes prägt. Daher besteht ein wachsender Bedarf an Indikatoren für die Wahrscheinlichkeit des Baumsterbens. In den letzten Jahrzehnten haben eine zunehmende Anzahl von Studien auf Basis von Baumringen versucht, Wachstums-Mortalitäts-Funktionen abzuleiten, meist unter Verwendung logistischer Modelle. Es lässt sich kein universeller Kompromiss zwischen frühem Wachstum und Langlebigkeit der Bäume innerhalb einer Art erkennen; die standort- und artübergreifende Variabilität der Wachstumsmuster vor dem Absterben liefert wertvolle Informationen über die Art des Sterbeprozesses, d. h. übereinstimmende physiologische Mechanismen, die zum Absterben führen [6].

Sonnenuhren, die in einigen Ländern noch in Gebrauch sind, sind altmodisch, obwohl ihre Sprüche einen gewissen philosophischen Wert behalten, z. B. „Amyddst ye flowres, I tell ye houres!" oder wie es ein britischer Essayist ausdrückte: *„Horas non numero nisi serenas"*.

Das Pendel, das Sandglas, die Wasseruhr und die Armbanduhr geben uns abstrakte Mittel der Zeit, ohne Form, ohne Gesicht. Sie sind „anämische" Instrumente unserer Räume, während die Sonnenuhr laufende Schatten und die Wunder der Welt widerspiegelt [7]. Es ist Emanuele Coccia (*1976), der das Pflanzenleben dem Tierleben nahebringt: Noch kann dank des Pflanzenlebens unsere Welt existieren, indem sie den für das Tierleben auf der Erde benötigten Sauerstoff bereitstellt. Zurück zu einem Wurzel-und-Zweig-Leben auf der Erde: die Pflanze (Originaltext: „Pourtant, c'est grâce aux plantes que notre monde existe, fournisseurs d'oxygène qui rend possible la vie animale sur terre. Retour sur une forme radicale d'être au monde: la plante"). Stefano Mancuso (*1965), Universität Florenz, Italien, ist dabei, ein neurologisches System zu untersuchen, das möglicherweise in Pflanzen arbeitet [8]. Die internationale Gesellschaft für Pflanzensignale & Verhalten (Society of Plant Signaling & Behavior), deren Gründungsmitglied Mancuso selbst ist, hat die Seneszenz und Stammzellen von Pflanzen zu einem Thema der von ihnen gesponserten Untersuchungen gemacht (www.plantbehavior.org). Ziel des vorliegenden Kapitels war es, festzustellen, wie Alterungsprozesse bei Bäumen die Eigenschaften Dichte und Elastizität des Holzgewebes beeinflussen.

## Literatur

1. Zheng X, Tan DX, Allan AC, Zuo B, Zhao Y, Reiter RJ et al (2017) Chloroplastic biosynthesis of melatonin and its involvement in protection of plants from salt stress. Sci Rep 7(Januar 2016):1–12
2. Rumpf SB, Gravey M, Brönnimann O, Luoto M, Cianfrani C, Mariethoz G et al (2022) From white to green: snow cover loss and increased vegetation productivity in the European Alps. Science (80–) [Internet] 376(6597):1119–1122. Verfügbar unter: https://www.science.org/doi/abs/10.1126/science.abn6697

3. Woo HR, Kim HJ, Nam HG, Lim PO (2013) Plant leaf senescence and death – regulation by multiple layers of control and implications for aging in general. J Cell Sci 126(21):4823–4833
4. Wohlleben P (2015) Das geheime Leben der Bäume
5. Kránitz K (2014) Effect of natural aging on wood. ETH Zürich
6. Cailleret M, Jansen S, Robert EMR, Desoto L, Aakala T, Antos JA et al (2017) A synthesis of radial growth patterns preceding tree mortality. Glob Chang Biol 23(4):1675–1690
7. Maeterlinck M (1946) L'Intelligence des Fleurs
8. Mancuso S (2015) Die Intelligenz der Pflanzen. 188 S

# Seneszenz bei Tieren

4

*Cupidus Rerum Novarum*
*Denique cur acris violentia triste leonum seminium sequitur*
*dolus vulpibus et fuga cervis. A patribus datur, et patrius pavor*
*incitat artus; si non certa sua quia semine seminioque. Vis*
*animi partier crescit cum corpore toto?*
Warum wird die Aggressivität der Löwen von den Eltern auf die
Kinder vererbt? Die Schlauheit der Wölfe, die Flucht der
Hirsche von ihren Vätern; die Vererbung gibt ihnen die
Grundlage, warum jede Spezies ihre besondere Seele hat, die
mit ihrem ganzen Körper wächst (und altert?).

*(Lukrez, Lied III)*

## 4.1 Zoologische Seneszenz

Das Tierreich schlägt eine Brücke von Pflanzen zu Menschen und erlaubt uns, die Lebensspanne von der Gesundheitsspanne zu unterscheiden. Eine enorme Vielfalt von Tieren bewohnt jetzt die Erde, und viele andere Arten haben während der vergangenen geologischen Zeit gelebt und sind ausgestorben. Tiere unterscheiden sich von einer Spezies zur anderen in Größe, Struktur und Lebensweise, was die Altersforschung schon immer befruchtet hat. Auf organisatorischer Ebene ist der „stabile Zustand" auf den ersten Blick weit davon entfernt, „stabil" zu sein und als ein einziger, statischer Zustand gemeint; der stabile Zustand muss als das dynamische Gleichgewicht vieler Systeme gesehen werden, die sich in aufeinanderfolgenden Entwicklungsstadien ändern. Darüber hinaus gibt es hier auf verschiedenen Ebenen einen stabilen Zustand. Es gibt einen stabilen Zustand auf zellulärer Ebene, durch den einzelne Zellen im Gleichgewicht mit ihrer Umgebung gehalten werden. Es gibt Regulation auf Gewebeebene, auf Organebene und schließlich auf der Ebene des gesamten Organismus.

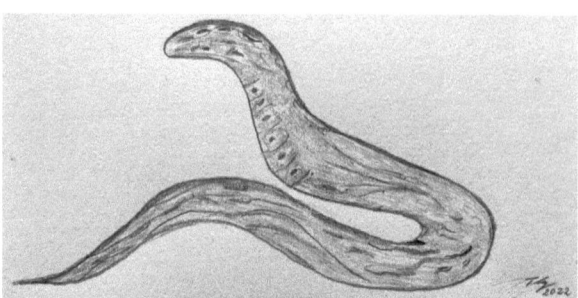

**Abb. 4.1** *Caenorhabditis elegans*, ein kleiner Nematode. Der Pionier in der Langlebigkeit – die Verlängerung der Seneszenz in ihrer besten Form bietet ein Werkzeug im Forschungslabor. Die Autoren erinnern sich an die Flut von Forschungsartikeln, die um 1980 begannen, als die Genetik dieses freilebenden Wurms bekannt wurde, weitgehend bestätigt durch immer präzisere genomische Techniken. Man kann nun die Seneszenz in diesen Tieren übersteuern, um ihr Überleben um das Doppelte zu verlängern. *Caenorhabditis elegans* bietet ein zuverlässiges System, um verschiedene Merkmale zu studieren, sogar unter Primaten, aufgrund seiner genetischen Zugänglichkeit und seines invarianten, kompakten Nervensystems (~ 300 Neuronen), das auf der Ebene der DNA-Sequenzierung bekannt ist. Darüber hinaus besitzt das Nervensystem des Nematoden trotz (und vielleicht: wegen) seiner kompakten Natur ein hohes Maß an Konservierung mit Säugetiersystemen

Wir haben schon immer Tiere betrachtet, um Langlebigkeit zu studieren. Als Arthur Mangin (1824–1887) sein klassisches Werk *L'Homme et la Bête* schrieb, war er fasziniert von der damals modischen Meinung, dass Tiere existieren, um ihren Organen zu dienen – daher wären wir Menschen tatsächlich Tiere. Carl Linnaeus (1707–1778), der schwedische Taxonom, trennte die menschenähnlichen Affen nicht von den Menschen: – Orang-Utan, Schimpanse, Gibbon und Gorillas, die ihm unbekannt waren, machten es leichter, den Rest der Affen als Menschen zu klassifizieren. Unser erster Kontakt mit der Forschung zur Langlebigkeit kam zustande, als die Arbeit über den Nematoden *Caenorhabditis elegans* die Literatur erschütterte (Abb. 4.1).

Langlebige Vögel, wie Papageien (Abb. 4.2), stellen ein privilegiertes Studienfeld für das Altern bei Tieren dar. Mehrere genomische Merkmale, die einzigartig für Papageien sind, einschließlich papageienspezifischer neuer Gene und papageienspezifischer Modifikationen von codierenden und regulatorischen Sequenzen bestehender Gene, wurden identifiziert. Genomische Merkmale, die bei Papageien und anderen langlebigen Vögeln unter Selektion stehen, einschließlich Gene, die zuvor mit der Bestimmung der Lebensspanne in Verbindung gebracht wurden, und mehrere hundert neue Kandidatengene, erscheinen jetzt in der wissenschaftlichen Literatur.

Langsames Altern aufgrund vernachlässigbarer Seneszenz könnte der Schlüssel bei langlebigen Schildkröten sein. Justin Congdon hat einzigartige Langzeitstudien an zwei langlebigen Schildkröten im E.S. George Reserve der Michigan State University, USA, geleitet: der Amerikanischen Sumpfschildkröte (Blanding's turtle, *Emydoidea blandingii*) und der Zierschildkröte (Painted turtle, *Chrysemys picta*).

## 4.1 Zoologische Seneszenz

**Abb. 4.2** Papageien sind intelligente und langlebige Vögel. Psittaciformes. Papageien. Unterklasse Neornithes, Klasse Aves. Ordnung 22. Dieser Papagei mit einem kräftigen Schnabel hat einen beweglichen Oberkiefer auf dem Stirnbein des Schädels, was ihm ermöglicht, Wörter wie Menschen zu artikulieren. Papageien genießen ein langes Leben (Kākāpō: 40–80 Jahre). Die Gerontologie der Psittacinen könnte wichtige Einblicke in die menschliche Seneszenz offenbaren. Die jüngste Literatur erforscht die Seneszenz bei diesen Vögeln. Präparierter Vogel Grünflügelara (*Ara chloropterus*), Sammlung des Naturhistorischen Museums Bern, Schweiz (NMBE). (Foto von Frau Nelly Rodriguez)

Schildkrötenpopulationen übersteigen die Altersangaben von 70 Jahren, aber die maximale Lebensspanne dieser kaltblütigen Reptilien mit einem knöchernen oder ledrigen Panzer ist unbekannt. Beide Arten reifen langsam und beginnen die Fortpflanzung nach etwa 20 Jahren, mit einer Kohortengenerationszeit von mehr als 30 Jahren. Bemerkenswerterweise legen ältere Weibchen mehr Eier und haben eine konsistentere jährliche Fortpflanzung als der durchschnittliche jüngere Erwachsene. Es gibt keine äußeren Anzeichen für einen Verlust an Vitalität.

Als das am längsten lebende Nagetier ist die Nacktmulle Gegenstand der Untersuchung von Stammzelleigenschaften. Erwachsene Tiere mobilisieren ihre roten Blutkörperchen sowohl aus dem Knochenmark als auch aus der Milz. Die Tiere widersetzten sich der Seneszenz, indem sie bis ins mittlere Alter jugendliche Blut- und Knochenmark-Einzelzelltranskriptome und Zellzusammensetzungen aufrechterhalten [1]. Die Tiere halten einen verlängerten Zellzyklus *in vivo* aufrecht, indem sie das Stoffwechselprofil niedrig, aber den Lipidstoffwechsel erhöht halten.

Im Allgemeinen leben vegetarische Arten länger als Fleischfresser, aber über die Lebenserwartung vieler Arten ist wenig bekannt. Die früheste Umkehrung einer

Wachstumszeitleiste, die wir herausfinden können, ist bei der Entwicklung von Säugetieren zu sehen, bei der der Embryo eine Blastozyste bildet, die aus einer Masse pluripotenter Zellen besteht, die zu jedem Zelltyp werden können. In diesem frühen Stadium findet die Implantation in die Gebärmutter statt. Die Implantation kann durch mütterliche Hormone verzögert werden, die die Blastozyste dazu veranlassen, das Protein Leukämie-inhibierender-Faktor (LIF) zu sezernieren und in ein Ruhestadium einzutreten. Der Astronom Carl Sagan (1934–1996) drückt es gut aus: „Wir sind aus Sternenstaub gemacht; wir sind ein Weg für das Universum, sich selbst zu erkennen". Wir bewundern Sagan dafür, dass er uns über unser Universum und uns selbst erstaunt hat. Weder er noch die Schöpfungsliteratur befassen sich mit der Seneszenz.

*Turritopsis dohrnii*, die unsterbliche Qualle, ist unsterblich, weil diese Tiere in der Lage sind, in ein sexuell unreifes Stadium zurückzukehren, das in Kolonien aus einzelnen Individuen lebt, sobald sie die Reife erreicht haben. Sie sind im Mittelmeer und in japanischen Gewässern zu finden.

Entdeckungen an Fossilien haben unser Bild von Pterosauriern erweitert, den größten, gemeinsten und bizarrsten Tieren, die je geflogen sind, wie dem fleischfressenden *Quetzalcoatlus northropi*. Quetzalcoatl war der König aller Götter der Tolteken, der keine Menschenopfer zuließ, weil er seine gehorsamen Diener liebte; daher erlaubte er Opfer nur mit Schlangen, Vögeln und Lepidopteren (Insekten, Schmetterlinge). Sein mächtiges Erscheinungsbild hat Modellierungsarbeiten in Lebensgröße inspiriert, wie sie kürzlich in einem Studio in Minnesota durchgeführt wurden; geflügelte Drachen beherrschten den mesozoischen Himmel 162 Mio. Jahre lang. Die Tiere lebten und starben in Kolonien, aber es gibt keine Vorstellung davon, wie alt ein einzelnes Individuum wurde.

Man sollte nicht der Versuchung erliegen zu glauben, dass Tiere in früheren Zeiten länger lebten als Tiere heutzutage. Wir haben bereits gesehen, dass z. B. *Allosaurus fragilis*, modelliert im LWL-Museum für Naturkunde, Münster, Deutschland, eine Lebenserwartung von 25 Jahren hatte, was für ein langlebiges Saurierindividuum steht. Das Westfälische Landesmuseum von Münster (LWL), Deutschland, ergänzt die Ausstellung im Houston Museum of Natural Science, Houston, Texas, USA, auf schöne Weise. Dieses Beispiel legt nahe, dass individuelle Lebensspannen vor 230 Mio. Jahren keine extrem langen Zeiten vor dem Tod erreichten. Als U. Nydegger das LWL besuchte, war er beeindruckt von dem Ehrgeiz des Kurators, die Entstehung des Lebens zu erklären: (i) mit Abiogenese, alle Arten erschufen sich selbst, d. h. *ab ovo*, (ii) mit Kreationismus, der Herr erschuf jede Art nach seinem Willen, (iii) Lamarckismus (Jean-Baptiste Lamarck, 1744–1829) besagt, dass erworbene Eigenschaften während des Lebens eines Individuums an die Nachkommen weitergegeben werden könnten – nicht genutzte Eigenschaften/Organe verkümmern. (iv) Georges Cuvier (1769–1832), der französische Naturforscher, war überzeugt, dass Arten immer wieder durch Überschwemmungen entstehen/zerstört werden -> Katastrophismus, (v) Charles Darwin (1809–1882) schlug vor, dass alle Arten von gemeinsamen Vorfahren abstammen (allopatrische Artbildung) und schließlich (vi) synthetische Evolution, mischt die Genome der Elterngenerationen.

## 4.1 Zoologische Seneszenz

Schätzungen basierend auf derzeit beobachteten Wachstumsraten von Reptilien, kombiniert mit der enormen Größe der Dinosaurier, ließen den Schluss zu, dass sie mehrere hundert Jahre leben würden. Neuere Studien lassen Paläontologen glauben, dass Dinosaurier schnell wuchsen, und Fossilstudien zeigen, dass dünne Schichten avaskulären Knochens Ringe oder Wachstumsringe bilden, ähnlich denen, die in Baumstämmen zu sehen sind. Das Zählen von Knochenringen unter polarisiertem Licht ermöglicht es in der Tat, das geschätzte Alter eines Dinosauriers zum Zeitpunkt seines Todes zu bestimmen.

Wachstumslinien in Dinosaurierknochen wurden erstmals 1983 bei der Untersuchung von späten jurassischen Sauropoden-Knochen namens *Bothriospondylus* beobachtet, möglicherweise aus der Familie der pflanzenfressenden Brachiosaurier, die mehr als ein Jahrhundert zuvor entdeckt wurde. Die Studie führte dazu, dass die Schätzungen seines Alters revidiert wurden, und es wird nun angenommen, dass er im Alter von 43 Jahren starb, als er erst die Hälfte seiner vollen Erwachsenenlänge von 15–20 m erreicht hatte.

Laut John Nudds, jetzt Paläontologe an der University of Manchester, UK: „Wenn man Dinosaurier mit heutigen Tieren vergleicht, könnte man erwarten, dass die sehr großen Pflanzenfresser – wie Brachiosaurier und Diplodocus, die in ihrer Größe mit einem Elefanten vergleichbar waren – daher 70–80 Jahre gelebt hätten; vielleicht ein bisschen mehr. Die kleineren, fleischfressenden Dinosaurier wären eher mit einigen der heutigen größeren Vögel vergleichbar gewesen, die eng verwandt sind. Wenn man an etwas wie einen Adler oder Raben denkt, leben sie 20–30 Jahre, und das wäre wahrscheinlich die Lebensspanne eines Tyrannosaurus gewesen".

Robert Thomas Bakker (*1945) ist ein amerikanischer Paläontologe, der half, moderne Theorien über Dinosaurier neu zu gestalten. Insbesondere indem er die Hypothese unterstützte, dass einige Dinosaurier endotherm (warmblütig) waren. Sein bahnbrechendes Werk, *The Dinosaur Heresies*, wurde 1986 veröffentlicht [2]. Er enthüllte den ersten Beweis für elterliche Fürsorge an Nistplätzen für Allosaurus. Bakker war einer der Berater für den Film Jurassic Park und die US-amerikanische PBS-Serie von 1992 *The Dinosaurs*. Krokodile und Alligatoren können hohe Strahlungswerte aushalten, in unsauberen Umgebungen leben und erfolgreich dem katastrophalen Kreide-Paläogen-Aussterbeereignis entkommen. Wahrscheinlich reguliert das Darmmikrobiom, wie aktuelle Forschungen zeigen, den Anti-Krebs-Stoffwechsel bei diesen Tieren [3].

Die Kryokonservierung von Menschen, die glauben, dass die Zukunft nicht weit entfernt ist, um aufgetaut zu werden und auf beiden Füßen herauszugehen, wird diskutiert. Das Aussterben könnte auch nicht für immer sein, da Wissenschaftler unserer Zeit hoffen, einen 50.000 Jahre alten Löwen wiederzubeleben, der im sibirischen Permafrost konserviert gefunden wurde. Andere Forschungsgruppen versuchen, die alte Rasse einer „Superkuh", eines Auerochsen, die 1627 in Polen ausgestorben ist, wiederzubeleben, indem sie verschiedene Rindertypen und deren Nachkommen in einem 2008 gestarteten Projekt züchten. DNA kann aus frischen, mumifizierten oder Herbarpflanzen und organischem Material in Milligramm-Mengen extrahiert werden. So ist ein weiteres Projekt im Gange, das DNA-

Extraktion und selektive Züchtung verwendet, um den Versuch zu unternehmen, eine Herde von Fohlen zu schaffen, Fohlen, die denen des Quaggas (*Equus quagga quagga*) ähneln, ein uralter Verwandter des Zebras, der 1883 ausgestorben ist.

Aus der Kreidezeit stammend – vor etwa 67 Mio. Jahren – *Tyrannosaurus rex* („Sue" genannt), ein massiver Räuber, lebte bis zum oberen Ende der Lebenserwartung eines *Tyrannosaurus rex*, etwa 28 Jahre. (Woher wissen wir das? Nach der Untersuchung von Knochenringen stellten Wissenschaftler fest, dass „Sue" einen Wachstumsschub in der Jugend hatte – bis zu 4,5 Pfund pro Tag zunahm – und mit 19 Jahren die volle Größe erreichte). Das knöcherne Skelett von „Sue" wird im Field Museum in Chicago, Illinois, USA, ausgestellt. Der größte und am besten erhaltene *Tyrannosaurus rex* soll fast 29 Jahre gelebt haben, obwohl er die Erwachsenengröße nach 20 Jahren erreicht hätte. „Sue" ist 12 m von Kopf bis Schwanz lang und wird auf ein Gewicht von etwa sieben Tonnen geschätzt, was die schnelle Wachstumsrate solcher Dinosaurier während ihres relativ kurzen Lebens unterstreicht. Die Wachstumsringe geben auch Aufschluss über die Wachstumsrate eines Dinosauriers in verschiedenen Lebensphasen. Es wird nun davon ausgegangen, dass die meisten Dinosaurier einen großen Teil ihres Lebens wuchsen, mit einem bemerkenswert schnellen Wachstumsschub während der Adoleszenz.

Die längste bekannte Lebenserwartung eines Tieres hat der Grönlandhai, dessen Alter auf 250 bis 500 Jahre geschätzt wird; die Bewohner Islands genießen sein Fleisch als Delikatesse. Bisher hat die Seneszenz-Forschung wenig Informationen von dieser großen noch existierenden Haiart gewonnen.

Trotz rascher Fortschritte in den letzten Jahren sind viele molekulare und zelluläre Prozesse, die dem fortschreitenden Verlust gesunder Physiologie zugrunde liegen, schlecht verstanden. Anstatt sich auf längst ausgestorbene Tiere zu konzentrieren, richten sich die aktuellen Forschungsbemühungen nun auf noch existierende Tiere. Ein Einzelzell-Transkriptom-Atlas über die Lebensspanne von *Mus musculus*, genannt Tabula Muris, schlug kürzlich ein Mosaik von Zellen vor, das Daten aus zahlreichen verschiedenen Geweben und Organen enthält (Tabula Muris Consortium, 2020) [4]. Tabula Muris enthält fast 100.000 Zellen aus 20 Organen und Geweben. Tabula Muris liefert molekulare Informationen darüber, wie sich die wichtigsten Merkmale des Alterns in einer breiten Palette von Geweben und Zelltypen widerspiegeln.

Dieses Projekt ist eine umfassende Analyse der Alterungsdynamik über die Lebensspanne der Maus; es umfasst Einzelzell- und Massen-RNA-Sequenzierung verschiedener Organe. Es ermöglicht einen direkten und kontrollierten Vergleich der Genexpression in Zelltypen, die zwischen Geweben geteilt werden, wie z. B. Immunzellen aus verschiedenen anatomischen Lokalisationen. Bitte beachten Sie, dass Lymphozyten rezirkulieren. Zu einem Moment befindet sich dieselbe Zelle im Darmendothel, kontrolliert den Durchgang von Antigenen und kommensalen Darmmikrobiota vom Darm in den Blutkreislauf. Einige Momente später bewacht dieser gleiche Lymphozyt Nahrungs- und Luftwege. In Kombination mit gezieltem Genotypisieren können wir die Pflanzen- und Tierzucht beschleunigen;

## 4.1 Zoologische Seneszenz

Markergestützte Selektion/Zucht oder Rückkreuzung kann die Merkmalskartierung unterstützen und könnte einmal tiefere Einblicke in die genetische Kontrolle der Seneszenz bieten.

Bei Hunden, laut Daten des American Kennel Club, hat die Bordeauxdogge die kürzeste Lebenserwartung von 5 bis 8 Jahren, während die Coton-de-Tuléar-Rasse zwischen 15 und 19 Jahren lebt. Je größer die Hunde werden, desto kürzer leben sie. Es scheint, dass die Entwicklung eines großen Hundes schon früh im Leben beschleunigt, was die Grundlage für die Krebsentwicklung bietet. 15 Menschenjahre entsprechen dem ersten Jahr der Lebensspanne eines mittelgroßen Hundes. Das Alter von Hunden in Menschenjahren ist ein beliebtes Thema für Google-Sucher!

Zellspezifische Veränderungen, die in mehreren Zelltypen und Organen auftreten, sowie altersbedingte Veränderungen in der zellulären Zusammensetzung verschiedener Organe beginnen identifiziert zu werden. Mithilfe von Transkriptomdaten von Einzelzellen werden zelltypspezifische Manifestationen verschiedener Kreaturen in Bezug auf Altern, Seneszenz, genomische Instabilität und Immunoseneszenzveränderungen quantifiziert. Sobald genomweite Assoziationsstudien zum bevorzugten Ansatz werden, um das Altern besser zu verstehen, erwartet man eine biochemische Definition des Alterns, unabhängig davon, ob Pflanzen, Tiere und Menschen oder Kombinationen daraus als Studienobjekte verwendet werden (Abb. 4.3).

**Abb. 4.3** Sphinx. Eine alte ägyptische Sphinx besteht aus einem menschlichen Kopf auf einem Löwenkörper, wodurch menschliche Einsichten mit tierischer Kraft kombiniert werden. Andere Statuen des alten Ägyptens verbinden Menschen und Tiere – die beeindruckendste für die Autoren ist die Königin Tawaret (664–610 v. Chr.) aus der 26. Dynastie der Herrschaft von Psametik. (Foto von U. Nydegger)

## Literatur

1. Emmrich S, Trapp A, Tolibzoda Zakusilo F, Straight ME, Ying AK, Tyshkovskiy A et al (2022) Characterization of naked mole-rat hematopoiesis reveals unique stem and progenitor cell patterns and neotenic traits. EMBO J 41(15):e109694
2. Bakker RT (1986) The Dinosaur Heresies, S 481
3. Khan NA, Soopramanien M, Siddiqui R (2019) Crocodiles and alligators: physicians' answer to cancer? Curr Oncol 26(3):186
4. Consortium TM (2020) A single-cell transcriptomic atlas characterizes ageing tissues in the mouse. Nature 583(7817):590–595

# 5 Verjüngung/Regeneration

*Cupidus Rerum Novarum*
*Cogitationes mortalium timidae et incertae adinventitiones*
*nostrae et providentiae.*
*Die Gedanken der Sterblichen sind bescheiden, ihre*
*Erfindungen und Voraussicht sind ungewiss.*

*(Empedokles, Weisheit, Buch IX, Kapitel XIV)*

## 5.1 Ein Ausschalt-Knopf AUS kann etwas anderes EINschalten

Die Möglichkeit der Verjüngung fasziniert uns heute genauso wie die alten Griechen. In der Geschichte von Prometheus wurde zur Strafe ein Adler geschickt, der ihm jeden Tag die Leber aushackte, während sie nachts wieder nachwuchs. Eine andere Geschichte, die uns gefällt, stammt aus den Metamorphosen von Ovid (VII/227–262): Aeson, bereits dem Tode nahe und durch Alter und Jahre gebrechlich, wird verjüngt, man schrieb den Stammzellen einen mythischen Charakter zu – teils Tatsache, teils Fantasie, die die Vorstellungskraft beflügelt, aber auch die Realität verwischt und mit Sicherheit wohlhabende Menschen fasziniert. Regenerative Therapien haben einen breiten ethischen Hintergrund. Individuen sind unterschiedlich – Vulnerabilität und Gesundheitspolitik sorgen sich um finanzielle Auswirkungen, einschließlich Marketing und Krankenversicherung. Gleichzeitig steht der Vorteil der kurativen Gentherapie für seltene Krankheiten wie Duchenne-Muskeldystrophie, die Wiederherstellung der Unabhängigkeit und die Senkung der Gesundheitskosten auf dem Spiel. Zeus bestrafte Prometheus dafür, dass er das Feuer stahl und es den Menschen gab, was die Zivilisation ermöglichte. Eine Lancet-Kommission (04. Oktober 2017) denkt, dass der Funke der regenerativen Medizin zu einer Flamme geworden ist, die enorme potenzielle Vorteile bietet, wie z. B. limbale Stammzellen (Limbusstammzellen) für die Hornhautreparatur. Es bestehen jedoch weiterhin Gefahren, die nur unzureichend verstanden werden, und es ist nach wie vor unklar, wie Stammzellen und Gene am besten genutzt werden können, um klinische Bedürfnisse zu lindern.

Verjüngung unterscheidet sich von Regeneration: Ersteres bedeutet zurückgehen, Letzteres bedeutet voranschreiten. Wir müssen daher die Seneszenz aufhalten und sie vielleicht erfolgreich umkehren. Das kommunistische Manifest von 1848 von Karl Marx und Friedrich Engels sagt uns: „Die Bourgeoisie hat während ihrer kaum hundertjährigen Herrschaft massivere und kolossalere Produktivkräfte geschaffen als alle vorhergehenden Generationen zusammen. Die Unterwerfung der Naturkräfte unter den Menschen, die Anwendung der Chemie auf Industrie und Landwirtschaft, Dampfschifffahrt, Eisenbahnen, elektrische Telegrafen, die Urbarmachung ganzer Kontinente, die Kanalisierung von Flüssen, ganze Bevölkerungen aus dem Boden gezaubert – was frühere Jahrhunderte auch nur ahnten, dass solche Produktivkräfte im Schoß der sozialen Arbeit schlummerten?" Wo soll die Verjüngung verortet werden – wenn sie kommt?

Der Begriff „Seneszenz", d. h. die Entwicklung biochemischer Prozesse im Laufe der Zeit, stammt vom lateinischen „senilis", d. h. „greisenhaft", abgeleitet von senex, d. h. „alt", dessen Komparativ senior und das französische „seigneur" ergibt. Das Adjektiv „sie/er ist senil" beschreibt eine Eigenschaft, die den Älteren unter uns zugeschrieben wird. Die Welt befindet sich auf einer Achterbahnfahrt von steigenden Hoffnungen zu zerbrochenen Illusionen bis hin zu grenzenloser Euphorie – Verjüngung passt gut in die drei Bereiche. Jenseits des Vergnügens des Schreibens entstand unser Buch aus einem starken Bedürfnis, altes und neues Wissen über das Altern zu verbinden. Neue Erkenntnisse und technische Möglichkeiten lassen verbannte Hoffnungen wiederherstellen und hören nie auf, unsere Vorstellungskraft zu stimulieren. Am Ende des 18. Jahrhunderts weitete sich die Hoffnung in die Medizin aus, um den gesamten Alterungsprozess zu verstehen.

Das Erreichen des Alters wird definiert durch den Verlust an Vitalität, zunehmende Gebrechlichkeit, steigendes Krankheitsrisiko und abnehmende kognitive Fähigkeiten. Im alltäglichen Sprachgebrauch bezeichnet es missbräuchlich einen Älteren, der seine intellektuellen Eigenschaften verloren hat (Victor Hugo, 1802–1885), und Puristen sagen, dass „seniler Älterer" tautologisch ist. Seneszent würde dann „jemand, der altert" bedeuten, ein Begriff, der im 19. Jahrhundert von der Medizin übernommen wurde. Seneszenz kommt vom Lateinischen senescens, -entis, dem Partizip Präsens von senescere, alt werden. „Prä-Seneszenz" kann verwendet werden, um die Lebensphase unmittelbar vor der Seneszenz zu benennen. Senior ist ein Adjektiv und bedeutet zuerst „derjenige, der sich gentlemanlike verhält oder seinem Alter angepasst ist", und steht im Gegensatz zu Junior. Seniorität bedeutet schließlich Ancienneté, und diejenigen, die durch Seniorität gemeint sind, befinden sich in einer privilegierten Position im Vergleich zu den neueren Mitgliedern.

Die meisten Individuen in unserem Freundeskreis werden auf die Frage: Fühlen Sie sich wohl? Mit einem „nicht immer" antworten. Die psychologische Geschichte und die Beziehung zu anderen lassen Raum für emotionalen Stress, der schnell in die eine oder andere Richtung – glücklich oder traurig – abfallen kann. Ein Individuum könnte allzu selbstgefällig, unsicher oder vertrauensvoll sein, um die Seneszenz zu akzeptieren, obwohl unsere moderne Lebensweise mit dem Mobiltelefon, das jetzt am Handgelenk getragen wird, nach Ablenkung, Stimulation, Aufregung oder Intensität verlangt. Der Blick aus dem Fenster von U. Nydegger auf den Bambus im Garten am Ende des Tages beruhigt ihn, und er nutzt die Gelegenheit, um Kontakt mit einem sanften, einsamen, nachdenklichen Selbst aufzunehmen, das ihm sonst entgehen würde.

Die unprätentiöse Einfachheit eines Balkons fördert unsere Neigung zu einer sanftmütigen Version des Glücks. Die Wahrnehmung der Seneszenz, ihre Unterstützung und das Durchleben könnten von subtiler Anpassung abhängen, um sie zu erhalten.

Wenn die Seneszenz einen selbst trifft und man es bemerkt oder von anderen gesagt bekommt, dass man ein Opfer der Seneszenz geworden ist, dann könnte die philosophische Eigenschaft des Stoizismus helfen, damit umzugehen. Die philosophische Tradition der Stoiker, vor 2000 Jahren von Zenon von Kition in Athen (Griechenland) gegründet, schuf Ideen mit enormen Einsichten in die menschliche Psyche – Einsichten, die ihre Bedeutung für uns in modernen Zeiten behalten. Beiträge von Cicero, Seneca und Marcus Aurelius helfen uns auch im 21. Jahrhundert, die Nachricht zu überwinden, dass Prä-Demenz zugeschlagen hat (oder haben könnte). Das Buch von Donald Robertson *Stoicism and the Art of Happiness* erklärt die Prinzipien moderner therapeutischer Ansätze, psychologischer Resilienz, während man gleichzeitig das Leben genießt [1].

## 5.2 Seneszenz und Religion

Ähnlich wie die Verschiebung der Seneszenz auf immer höhere Lebensalter, haben Religion und Glauben historische Veränderungen erfahren, die in der Moderne verankert sind und von Kommerzialisierung, Medialisierung und Globalisierung der Gesellschaft und des sozialen Lebens betroffen sind. Religionen auf der ganzen Welt können der Konsumkultur, den elektronischen Medien und der Globalisierung nicht entkommen. Wir leben in Gesellschaften, in denen Alterung, Rituale und soziales Verhalten unter Beobachtung stehen; Konsumismus ist zum dominanten Ethos geworden, wenn nicht sogar zum Glauben. Dies ist natürlich ein fruchtbarer Boden für Forschungsprojekte, die sich dem Stoppen/Umkehren der Seneszenz widmen. In Religionen, die freiwilligen Gottesdienst praktizieren und Abwesenheit von gemeinsamen Zeremonien tolerieren, beobachtet man viele Senioren in Kirchen, im Gegensatz zu Religionen mit starken Ritualen der Zugehörigkeit. Wir können nicht ausschließen, dass viele Kirchgänger motiviert sind, „zu kommen und zu sehen und gesehen zu werden" aus Angst vor dem Tod – aber dies erweist sich als eigener Glaube [2].

## 5.3 Unsterblichkeit in ihrer besten Form

Zuverlässigkeitstechnik, Überlebensanalyse und andere Disziplinen befassen sich hauptsächlich mit positiven Zufallsvariablen, die oft als Lebensdauer bezeichnet werden. Eine Lebensdauer ist vollständig durch ihre Verteilungsfunktion als Zufallsvariable charakterisiert. Eine Realisierung einer Lebensdauer manifestiert sich normalerweise durch Ausfall, Tod oder ein anderes „Endereignis".

Jeanne Calment (1875–1997), die französische Supercentenarian, war die älteste Person, die wir kennen – sie wurde nie transplantiert oder verjüngt, und wir fragen uns, welche Umstände sie so lange leben ließen. Zumindest wusste Madame Calment nichts von den heutigen Fantasien über das ewige Leben. Wie Exponential Medicine, Singularity University, Futurologen wie Patrick Delarive (*1962, ein Schweizer Unternehmer), die, zugegeben ähnlich einem indischen Guru, überzeugend eine zusätzliche Lebenserwartung von, sagen wir, 30 Jahren mehr projizieren. Die Sens Research Foundation geht einen Schritt weiter in Richtung Unsterblichkeit mit der People Unlimited Bewegung in Scottsdale, Arizona, USA, die die Grenzen des Alterns und des Todes infrage stellen. Es gibt immer ein „ältestes Individuum": Frau Kane Tanaka ist am 19. April 2022 im Alter von 119 Jahren in ihrer Heimatstadt Fukuoka (Japan) gestorben; sie war das 7. von 8 Kindern und hatte 4 Kinder; sie sagte: Mein langes Leben verdanke ich gutem Essen und kontinuierlichem Lernen. Am 17. Januar 2023 verstarb die Französin Madame Lucile Randon, mit 118 Jahren und 340 Tagen, als damals älteste bekannte Person der Welt. Seit dem Tod der brasilianischen Nonne Inah Canabarro Lucas (*8. Juni 1908) am 30. April 2025, mit 116 Jahren, gilt Frau Ethel May Caterham (*21. August 1909), die britische Supercentenarian, aktuell als weltweit ältester lebender Mensch.

Die Bereiche der Psycho-Neuro-Biologie und Biologie unter der Schirmherrschaft von Menschen im Überschneidungsbereich zwischen Wissenschaft und Fantasie, wie Ray Kurzweil (*1948) oder Aubrey De Grey (*1963), fördern und fordern Expertise für ein Feld, das auch in der Schweiz sehr in Mode gekommen ist. Sophia Genetics und MindMaze, Computerplattformen, die virtuelle Realität, Neurowissenschaften und maschinelles Lernen in dem, was sie „Health Valley" nennen, humanisieren, um ihren Standort am Genfersee von Silicon Valley in Kalifornien zu unterscheiden.

Die Vermögensverwaltung DECALIA Silver Generation macht das lange Leben zu einem Feld für langfristige Rentenpläne. Die Diskussion in der Schweiz ist offen, das Rentenalter weit über 65 Jahre anzupassen. Altersegregation verliert ihre Beschränkung, die Jungen auf Bildungseinrichtungen, Erwachsene auf geldbringende Jobs und die Älteren auf Altersheime zu beschränken. Seneszenz nimmt somit den Aspekt des Jungbleibens an. Zelluläre Seneszenz ist ein stressreaktives Zellzyklus-Arrest-Programm, das mithilfe von Signalwegen der Seneszenz-Maschinerie die weitere Ausbreitung von (prä-)malignen Zellen beendet – (genomics.senescence.info). Die Verbindungen p16INK4a, p21CIP1 und p53 sowie die Trimethylierung von Lysin 9 am Histon H3 (H3K9me3) fungieren als kritische Regulatoren der Stammzellfunktionen (welche zusammen als „stemness" bezeichnet werden).

Der jüngste Beweis für Verjüngung ist mit Schwärmen winziger lebender Roboter verbunden, die sich in einer Schale selbst replizieren, indem sie lose Zellen zusammenfügen. Diese „Xenobots" wurden erstmals im Jahr 2020 aus dem Embryo des Frosches *Xenopus laevis* erstellt. Diese Zellen können kleine Strukturen bilden, die sich selbst zusammenfügen, in Gruppen bewegen und ihre Umgebung wahrnehmen – Xenobots replizieren sich selbst [3]. Xenobots, benannt nach dem Afrikanischen Krallenfrosch, sind synthetische Lebensformen, die von Computern entworfen werden, um eine gewünschte Funktion auszuführen, und durch die Kombination verschiedener biologischer Gewebe gebaut werden. In einem *Xenopus-laevis*-Frosch würden sich diese embryonalen Zellen zur Haut entwickeln. „Sie würden auf der Außenseite einer Kaulquappe sitzen, um Krankheitserreger fernzuhalten und Schleim zu verteilen", sagt Michael Levin, Professor für Biologie und Direktor des Allen Discovery Center an der Tufts University, Co-Leiter der neuen Forschung. „Aber wir setzen sie in einen neuen Kontext. Wir geben ihnen die Möglichkeit, ihre Multizellularität neu zu erfinden."

Im Jahr 2022 wurde eine Initiative zur Altersforschung namens Altos Labs mit mehreren Milliarden USD von Unterstützern, darunter wohlhabende Personen, ins Leben gerufen. Das Anti-Aging-Unternehmen setzt auf Reprogrammierung mit Yamanaka-Faktoren: Transkriptionsinformationen, die Zellen in einen embryonenähnlichen Zustand zurückversetzen können, der in der Lage ist, verschiedene Zelltypen hervorzubringen. Studien an Nagetieren und kultivierten Säugetierzellen haben gezeigt, dass die Reprogrammierung das Altern hinter sich lässt. Das Geheimnis bleibt jedoch bestehen und wartet auf genomische Bestätigung. Das kalifornische Tal, mit den Technologieclustern im Silicon Valley, ist nun im Bereich der Verjüngung in Bewegung. Dutzende von Start-up-Unternehmen genießen Finanzierungen mit großen Dollarbeträgen für Risikokapitalinvestitionen. Google-Gründer Larry Page (*1973) glaubt an Verjüngung, wenn er Geld in Altos Labs und ein Unternehmen namens Calico investiert, das bereits 2013 gegründet wurde. Blutplasma von jungen Spendern, das in ältere Menschen transfundiert wird, würde die Seneszenz verzögern, wenn wir uns das spanische Unternehmen Grifols ansehen, das sich dem Alkahest-Abenteuer anschließt – und dort verbinden wir alte Überzeugungen mit neuen Zellen, die in Montreux, Schweiz, injiziert werden.

Gesichtsverjüngung (Abb. 5.1) würde mehrere multimodale Ansätze erfordern, um Volumenverlust, Hautverdünnung und Sonnenschäden, die mit dem Altern einherge-

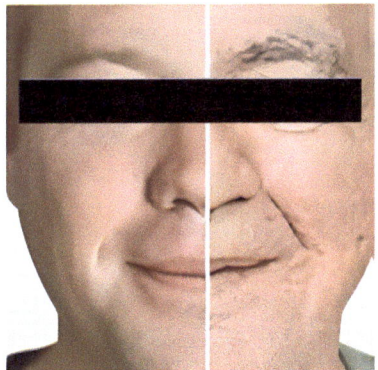

**Abb. 5.1** Gesicht – Stopp der Seneszenz. Ästhetische plastische Chirurgie (d. h. kosmetische Chirurgie) ist eine Subspezialität der allgemeinen Chirurgie, die biochemische Erkenntnisse über Teile des menschlichen Körpers nutzt. Sie bezieht sich auf Verfahren, die das Aussehen von Gesicht und Körper verbessern und schwer verletzten Patienten helfen. Methoden umfassen Bauchdeckenstraffung, Brustvergrößerung, Brustverkleinerung, Augenlidoperation, Nasenkorrektur (Rhinoplastik), Facelifting und Entfernung sowie Hinzufügung von autologem Fett. Die plastische Chirurgie zieht ihre Fortschritte aus anderen Bereichen der Medizin, z. B. der Transfusion, Allo- und in letzter Zeit Xenotransplantation. Abstoßung von Transplantaten ist selten ein Problem

hen, zu korrigieren. Tatsächlich werden die Kollagenfibrillen, die Stärke verleihen, fragmentiert, und die Verbindungen der Fibroblasten werden schwach, was zu Hauterschlaffung und Verlust jugendlicher Haut führt. Durch die Bereitstellung volumetrischer Unterstützung können chirurgisch angewendete Füllstoffe ein jugendlicheres Aussehen erzeugen. Wir können keinen Reißverschluss auf unserer Haut verwenden. Dennoch haben synthetische Füllstoffe wie Hyaluronsäureprodukte, Calciumhydroxylapatit, Polymilchsäure und Polymethylmethacrylat bio-stimulierende Effekte. Sie reichen von geringfügigen Effekten auf die Fibroblastenproduktion bis hin zu langanhaltenden stimulierenden Effekten auf die Dicke der Dermis und die Blutversorgung. In jüngerer Zeit hat sich die autologe Fetttransplantation als ideale Technik zur Gesichtsverjüngung etabliert, da sie leicht verfügbar, natürlich und regenerativ ist.

Diejenigen, die mit der Lebensverlängerung nicht zufrieden sind, könnten es durch Alexey Samykin von der Russischen Transhumanistischen Bewegung in Moskau und Danila Medvedev, den Gründer von KrioRus, das sich auf Kryonik spezialisiert hat, sein. Einen Körper einfrieren in der Hoffnung, ihn eines Tages wiederzubeleben: Die Forscher glauben, dass Russland bald andere konkurrierende Länder in den Bereichen Anti-Aging, Biomedizin und der Fantasie des ewigen Lebens überholen wird. Da die Welt immer vernetzter wird und Verbraucher Informationen in kürzester Zeit austauschen können, verstehen sie ihre Wünsche im Rahmen eines erfundenen Geschäftssystems. Wie Alain De Button und John Armstrong (*Art as Therapy*, Phaidon 2013) es ausdrücken, erledigen die riesigen und scharfsichtigen Bürgerarmeen des Internets den Rest. Schwierigkeiten könnten sich in Chancen verwandeln, und die erlösende alte Maus dreht plötzlich das Rad mit beschleunigter Geschwindigkeit – warum nicht?

## 5.4 Selbstmord

Albert Camus (1913–1960) zitiert in seinem Essay *Le Mythe de Sisyphe* den griechischen Lyriker PINDAR (518–438 v. Chr.): „Oh meine Seele, strebe bitte nicht nach Unsterblichkeit, sondern nutze vielmehr das Feld aller Möglichkeiten". Camus leitet das Kapitel über *Absurdität und Selbstmord* ein, indem er feststellt, dass es nur ein ernstes philosophisches Problem gibt, und das ist der Selbstmord. Während wir dieses Buch schreiben, wenden viele Länder unterschiedliche Gesetze und Vorschriften an, wobei Selbstmord in der Schweiz erlaubt ist (EXIT – Selbstbestimmtes Leben und Sterben. www.exit.ch), aber nicht im benachbarten Frankreich; ähnliche Gesetzgebung gilt für die Überwachung von Abtreibungen je nach Schwangerschaftswoche. Schwedische Forscher analysierten eine Datenbank von mehr als 185.000 Personen über 18 Jahren, die einen Selbstmordversuch unternommen hatten und über einen Zeitraum von 4 Jahrzehnten hospitalisiert worden waren: Die Lebenserwartung von Frauen und Männern, die im Alter von 20 Jahren einen Selbstmordversuch unternommen hatten, war um 11 bzw. 18 Jahre kürzer als in der Allgemeinbevölkerung; für Frauen und Männer, deren Selbstmordversuch im Alter von 50 Jahren stattfand, war die Lebenserwartung um 8 bzw. 10 Jahre reduziert (Yasgur, Batya Swift, MA, LSW, Acta Psychatric Scandinavica, 14. Dezember 2017).

## 5.4 Selbstmord

In quo enim plura sunt quae secundum naturam sunt, huius officium est in vita manere.
(Wenn die Umstände eines Mannes eine Überzahl von Dingen enthalten, die der Natur entsprechen, ist es angemessen, dass er am Leben bleibt)
(Cicero, *De Finibus* Buch III, xviii)

Die funktionellen Einheiten des menschlichen Körpers, d. h. einzelne Organe wie Herz, Leber und Niere oder Interaktionen des gesamten Körpers, wie hormonelle Regulationen oder der Umgang mit Veränderungen der Mikrobiota, altern mit unterschiedlichen Geschwindigkeiten.

Michel de Montaigne (1533–1592) schreibt: „Manchmal ist es der Körper, der zuerst der Alterung unterliegt, manchmal ist es der Geist; ich kannte einige Leute, die Demenz entwickelten, während ihr Magen und ihre Beine noch gut funktionierten". (Originaltext: „tantôt c'est le corps qui se rend le premier à la vieillesse, parfois aussi, c'est l'âme; et en ai assez vu qui ont eu la cervelle affaiblie avant l'estomac et les jambes") (Montaigne: *De l'Age LVII*, 471, Livre de Poche 1972). Daher bleibt unklar, was genau gemeint ist, wenn jemand sagt, er sei siebzig Jahre alt: Ist es der Körper, der Geist, die Seele oder alle drei? Je älter wir werden, desto mehr entwickeln wir ein Mosaik unterschiedlicher Altersstufen in uns.

Die verbleibende Lebenszeit erscheint als Abdruck: Die Lebenserwartung von Männern 81 und Frauen 85 in der Schweiz macht die verbleibenden Überlebensjahre eines 70-jährigen Mannes mit 11 verbleibenden Jahren und einer 70-jährigen Frau mit 15 weiteren Jahren wahrscheinlich.

Seneszenz ist also ein multifaktorielles Ereignis, insbesondere bei Säugetieren. Die unterschiedlichsten Einflussfaktoren haben einen Alterungseffekt auf Säugetiere, was wir in Abb. 5.2 zeigen.

Die www.fusion-conferences.com von 2023 war ein Treffen von Experten für Regeneration und regenerative Medizin in Cancun (Quintana Roo, Mexiko). Ein Blick auf das Programm informierte die Konferenzteilnehmer darüber, welche Themen nun im Rampenlicht stehen:

- Rolle von Wachstumsfaktoren in der Stammzellbiologie
- Regulation der extrazellulären Matrix der Wachstumsfaktorsignalisierung bei Gewebereparatur und -regeneration
- Gefäßsystem bei Gewebereparatur und -regeneration
- Immunsystem bei Reparatur und Regeneration
- Funktion von Wachstumsfaktoren bei Gewebereparatur vs. Krebs
- Wachstumsfaktor-basierte Gewebetechnik für Reparatur und Regeneration

Übrigens müssen wir einen Teil der Ergebnisse hinterfragen, die auf solchen Kongressen präsentiert werden, die als Gemeinschaftsprojekt von wissenschaftlichem Komitee und Tourismusbüro organisiert werden. Die Erklärung von Interessenkonflikten bei der Präsentation von Ergebnissen kam vor 50 Jahren als Thema auf und besteht leider fort.

Wir pflegen unseren Studenten zu sagen, dass es drei Stufen der Zufriedenheit in der Forschung gibt: (i) wenn die Hypothese auf dem Display meines Laborfotometers bestätigt wird, (ii) wenn mein Labortier sich wie antizipiert reagiert/verhält

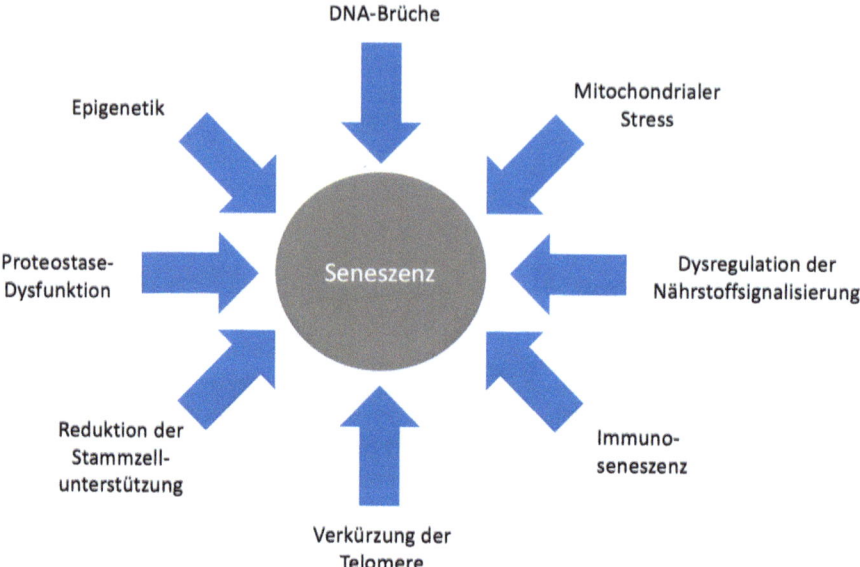

**Abb. 5.2** Seneszenz ist ein multifaktorielles Ereignis. Telomerschäden, epigenetische Dysregulation, DNA-Brüche und mitochondrialer Stress sind primäre Treiber von Schäden im Alterungsprozess. Mehrere dieser Schadensverursacher können Seneszenz induzieren. Seneszenz kann wiederum die daraus resultierenden Alterungsmerkmale als Reaktion auf Schäden antreiben: Stammzellenerschöpfung und chronische Entzündung. Andere Reaktionen auf Schäden, wie Proteostase-Dysfunktion und Störung der Nährstoffsignalisierung, sind ebenfalls eng mit der Seneszenzreaktion verbunden (modifiziert von Stefan Hardy Lung)

und (iii) wenn andere Forscher meine Beobachtungen bestätigen. Erst dann arbeiten wir über Science-Fiction hinaus, insbesondere wenn wir die Funktion von Wachstumsfaktoren betrachten.

Regenerative Medizin ersetzt, konstruiert oder regeneriert menschliche Zellen, Gewebe und Organe, um normale Funktionen wiederherzustellen, zu etablieren und zu verbessern. Das Versprechen geht direkt auf das Ziel der Gesundheitsbehörden ein, sichere und wirksame Behandlungen zu fördern. Sie hat einen breiten Anwendungsbereich und umfasst Zelltherapien, therapeutische Produkte aus der Gewebezüchtung, menschliche Zell- und Gewebeprodukte sowie Kombinationen zwischen Zellen und Geräten, wie z. B. Gerüste, auf denen und um die Zellen und Gewebe wachsen können. Das aktuelle Interesse konzentriert sich auf adulte Stammzellen, um verschiedene Bedingungen anzugehen. Die hämatopoetische Stammzellbiologie wird nun in die Entwicklung von Behandlungen wie der hämatopoetischen Stammzelltransplantation (HSCT) geleitet, die eine verbesserte Überlebensrate für Patienten mit hämatologischen Erkrankungen ermöglicht (siehe auch: Kap. 9).

In vielen Fällen ist der weit verbreitete Einsatz von Stammzellen in Techniken, die als regenerative Medizin bezeichnet werden, jedoch noch nicht zufriedenstellend. Der HSCT-Ansatz für Patienten ist hochkomplex, und die Unterstützung durch Geld aus der Pharmaindustrie ist zwingend erforderlich. Um die Sache zu verkomplizieren, wurde der Begriff „Stammzelle" verwendet, um eine Vielzahl von

Zellen zu beschreiben, die sich teilen und differenzieren können, einschließlich hämatopoetischer Stammzellen, Chondrozyten und aus Fettgewebe gewonnener Stammzellen (mesenchymale Stammzellen, MSC).

Das Mesenchym, ein Gewebe aus mesenchymalen Zellen, ist eine sehr frühe phylogenetische Struktur, die bereits im Phylum *Porifera*, d. h. Schwämme, vorhanden ist. Zwischen den beiden Schichten von geißeltragenden Kragenzellen (Choanozyten. Kragengeißelzellen) und der äußeren Epidermis entfaltet sich ein gallertartiges Mesenchym, das freie Zellen, d. h. Amöbozyten verschiedener Art und viele winzige kristallartige Spicula enthält. Was Zoologen also als frühes Gewebe sehen, sehen wir Mediziner als ein Wurzelelement, aus dem viele verschiedene Zelltypen hervorgehen. Aber wie „wissen" diese Tochterzelltypen, wohin sie gehen sollen? Isabella Saggio erzählt eine faszinierende Geschichte [4]. Sie sprach mit Paolo Bianco (1955–2015) (www.eurostemcell.org) und Giorgio Parisi *(1948) (Nobelpreis, theoretischer Physiker), die für ein gemeinsames Forschungsprojekt zu genau dieser Frage in Kontakt standen: Wie wissen Stammzellen, was sie werden sollen, Adipozyt, Chondrozyt, wohin sie gehen sollen? Wie weiß eine MSC, dass sie helfen soll, meinen kleinen Finger zu formen? Und dort aufhören? Ontogenese in ihrer besten Form. Bianco und Parisi schlugen vor, ein Projekt basierend auf unserem Wissen über kompartimentale Interaktionen von Mitgliedern einer Gruppe zu verfolgen. Als Modellkompartimente stellten sie sich einen Vogelschwarm vor, sagen wir Krähen – wie bleiben sie zusammen? Wie findet eine verlorene Krähe ihre Herde wieder? Andere Kompartimente: Bakterienkultur in der Petrischale oder sogar eine soziale Gruppe von Individuen in einer Metropole, z. B. Logen oder: wir sind nicht weit von religiösen Glaubensgruppen entfernt.

Zu ähnlichen Verbindungen teilen sich bestimmte Zellpopulationen weiter und wachsen, angetrieben von Wachstumsfaktoren und gehemmt durch hemmende/sperrende Prinzipien: „bello, semplice e complesso" schließt Saggio ihr Buchkapitel.

Der aktuelle Fortschritt in der MSC-Forschung ist beeindruckend. Es gibt eine Nomenklatur Explosion mit diesen Zellen, z. B. mit dem Begriff Mesenchymangioblast, der sagen will, dass dieser Zelltyp das Potenzial hat, endotheliales, gefäßanliegendes Gewebe zu bilden. Aus Mesenchymangioblasten abgeleitete primitive mesenchymale Zellen haben das Potenzial, sich in mesenchymale Stroma-/Stammzellen, Perizyten und sogar glatte Muskelzellen zu differenzieren.

Die potenziellen Vorteile für die menschliche Gesundheit haben in den letzten Jahrzehnten bedeutende Fortschritte in der Stammzellbiologie angeregt. Das Feld hat sich von der bloßen Charakterisierung der Eigenschaften dieser Zellen zu therapeutischen Anwendungen entwickelt. Trotz des Mangels an Informationen aus gut gestalteten klinischen Studien wurde HSCT bei Patienten mit einer Vielzahl von Erkrankungen eingesetzt, von Krebs bis hin zu Erkrankungen des zentralen Nervensystems, einschließlich der Alzheimer-Krankheit. Schwere unerwünschte Ereignisse und unbewiesene Wirksamkeit führen oft Ärzte und Patienten mit der attraktiven sprachlichen Bezeichnung „Stammzelle" in die Irre. Sollten wir zu einem Vergleich zurückkehren, der einem an dieser Stelle in den Sinn kommt? Viele wichtige Punkte der zwölf Organmeridiane, die in Acu-Yoga verwendet werden, liegen entlang der Regulierkanäle. Die Veränderungen der Jahreszeiten beeinflussen auch unsere inneren Bedingungen und Bedürfnisse. Wir sind Teil der Natur, daher Teil ihrer Veränderungen. Es ist für uns einfacher, sich der saisonalen Veränderungen in

Pflanzen und Tieren bewusst zu sein als in uns selbst. Dennoch, sobald wir diese Veränderungen erkennen, lernen wir zu fühlen, wie stark sie sind – das Gleichgewicht der Jahreszeiten zwischen Wachstum und Verfall – zwischen Aktivität und Ruhe. Der Lebenszyklus der Pflanzen veranschaulicht Blüte, Samenbildung und Frucht für den Herbst – in dieser Hinsicht erscheint uns die Seneszenz als eine Bühne, auf der Blüte – Samen – Frucht auftreten und direkt zur nächsten Jahreszeit springen. Der Frühling, der dann zurückkehrt, modelliert die Verjüngung, die jedoch bei Menschen unmöglich ist. Das Bild einer Heiligen Gral-Quelle für MSC kommt einem in den Sinn, wenn wir weiter in die Existenz von MSC eintauchen. Sie bleiben ein Thema, das von den meisten medizinischen Fachrichtungen behandelt wird, die zellbasierte Therapien für eine Vielzahl von Krankheiten anstreben. Mehr als vier Jahrzehnte sind vergangen, seit das Konzept formuliert wurde, dass mehrere Bindegewebe von einem gemeinsamen Vorläufer oder Stammzelle, die im Knochenmark verbleibt, ausgehen könnten.

Verbesserungen der Gewinnung (Nabelschnurblut, Vollblutspende von Spendern, die vor der Spende mit Wachstumsfaktoren stimuliert wurden, Bioreaktor-gewonnene MSC) werden weiterhin verfolgt – da sie die therapeutische Wirksamkeit unterstützen würden. Solche Entwicklungen ermöglichen tiefere Einblicke in die Physiologie der MSC. Als U. Nydegger 2006 seinen Job als CEO der Regionalen Blutbank des Schweizerischen Roten Kreuzes verließ, wurden die ersten Veröffentlichungen über erfolgreiche Stammzelltransfusionen bekannt. Bis dahin behandelten Hämatologen ihre Krebspatienten mit aus dem Knochenmark gewonnenen hämatopoetischen Zellen. Die Analyse von Zelloberflächenmarkern wurde bekannt, wobei der Cluster of Differentiation (CD 34+) an vorderster Front zu finden ist. Nabelschnurblut als Alternative zum Knochenmark als Quelle konkurrierte, und seit der ersten Nabelschnurbluttransplantation im Jahr 1988 wurden weltweit etwa 35.000 Transplantationen durchgeführt. Fötales Blut, das nach vaginaler oder Kaiserschnittentbindung in der Plazenta verbleibt, ist eine gute Quelle für Stammzellen mit Zelloberflächenmarker-Konstellationen, die nicht immer definiert sind.

Wir glauben, dass die nächsten 20 Jahre uns tiefere Einblicke in MSC-Subpopulationen bringen werden, da der Begriff „mesenchymal" viel zu ungenau und veraltet ist! Der interessierte Leser kann die ausgezeichnete Übersicht von Lanza und Seghatchian [5] konsultieren. Die Transfusionsmedizin soll sich der Labormedizin in Bezug auf die Identifizierung von Zellmembranrezeptoren anschließen. Tatsächlich werden unterschiedliche Bindungsgrade auftreten, wenn Liganden auf ihren kognaten Rezeptor treffen – stark, mittel, locker, vorübergehend, je nach Spezifität. „Locker & vorübergehend" sind eine Erkennungsphase, während der die Zelle Informationen aufnimmt im Vergleich zu fester Bindung und die Zelle entscheiden kann, durch das Ausstoßen von Zytokinen, zu „feuern": der „Zytokinsturm" wird entfesselt.

Mit dem Altern der Organe gibt es keine linearen, kreisförmigen oder spiralförmigen Muster der Seneszenzprozesse, umso mehr, als ein Individuum selbst Einfluss auf den funktionellen Verfall nehmen kann, wie z. B. durch Alkohol- und anderen Drogenmissbrauch, Nikotinmissbrauch, Ernährungsfehler oder die Exposition gegenüber einer Vielzahl anderer schädlicher Umweltfaktoren, einschließlich

## 5.4 Selbstmord

des Klimawandels. Kohlendioxid ($CO_2$), dieses Treibhausgas, stieg von so niedrig wie 180 ppm während der Quartären Vergletscherung auf erstaunliche 407 ppm Mitte 2017.

Arteriosklerose und interstitielle Fibrose sind häufige Ausdrucksformen der Involution in den meisten parenchymatösen Organen, aber jedes hat sein eigenes Alterungsmuster. Das Altern der Niere ist gut dokumentiert: eine Reduktion der Anzahl der Glomeruli und eine Reduktion der glomerulären Filtrationsrate (GFR) treten zusammen mit einer Abnahme des kortikalen Volumens, einer Zunahme der Oberflächenrauheit und der Bildung einfacher Zysten stellenweise im Parenchym auf. Die GFR-Grenzwerte, unter denen Nierenerkrankungen wahrscheinlich sind, gehen von 116 ml/min in der Altersgruppe 20–29 Jahre auf 75 ml/min in der Altersgruppe 70+ Jahre zurück. Alles darüber ist gesund: die typische glomeruläre Filtrationsrate liegt über 90 ml/min und nimmt mit dem Alter ab, selbst bei Menschen ohne Nierenerkrankung.

Das Altern des Myokards unterliegt allgemeinen Bedingungen wie genetischer Mutation, anhaltendem Redox-Stress, Überlastung, abweichender molekularer Signalgebung, DNA-Schäden und/oder Telomerverkürzung. Unter dem Mikroskop lassen sich seneszente Zellen identifizieren, da ihre Membran aufgebrochen erscheint. Sie sehen verlängert und deformiert aus. Ihre DNA ist durch Loci wie INK4/ARF dystrophisch deformiert. Die Beta-Galactosidase in seneszenten Zellen färbt sie bei Zugabe von azidophilen Farben blau. Auf diese Weise werden ganze Gewebe identifizierbar, und sie sollten, wenn sie gesund sind, das Hayflick-Limit nicht überschreiten. Dieses Limit erklärt die Mechanismen, die die zelluläre Alterung steuern: Eine normale menschliche Zelle kann sich nur vierzig bis sechzig Mal replizieren und teilen, bevor sie sich nicht mehr teilen kann und durch programmierten Zelltod oder Apoptose zerfällt. Obwohl noch spekulativ, wird das Hayflick-Limit jetzt von denen, die sich für Seneszenz interessieren, weitgehend akzeptiert. Somit ist Seneszenz über dieses Limit hinaus ein willkommenes Phänomen, da es Platz für Verjüngung schafft, d. h. das Eindringen jüngerer Zellen. Der Nuclear factor-erythroid derived 2-like 2 (NRF2), der Schlüssel-(Gen-)Regulator der zellulären antioxidativen Antwort, stimuliert, wenn aktiviert, und steht im Einklang mit Bewegung und antioxidativer Signalgebung. Die intrinsischen Redox-Mechanismen und der oxidative Stress werden im Myokard weitgehend untersucht, um die kardiale Myopathie und die ischämische Herzkrankheit zu modulieren. Sie sind ein Thema bei der Organerhaltung zwischen Spender und Empfänger.

Das Altern der Haut ist das offensichtlichste und sichtbarste Ereignis der Seneszenz, nicht zuletzt mit Faltenbildung und Naevus-Verteilung. Es hat mechanistische Aspekte mit Keratinozyten als Sensoren. Dieses Organ ist eine Fundgrube für viele Marker.

Säugetiere können typischerweise keine Organe so effizient regenerieren wie andere Wirbeltiere, wie Fische und Eidechsen. Jetzt haben Wissenschaftler einen Weg gefunden, Leberzellen teilweise in jüngere Zustände zurückzusetzen, sodass sie geschädigtes Gewebe schneller heilen können als zuvor beobachtet.

## 5.5 Organtransplantationen

Die Möglichkeit, ein Organ aus dem Körper einer Frau oder eines Mannes zu entnehmen, um es an der Stelle einzusetzen, an die es gehört (orthotopisch) oder an einem anderen geeigneten Ort, an dem es Platz findet (heterotopisch), ist seit den 1950er-Jahren möglich, als eine Niere von Ronald Herrick (1931–2010) in seinen eineiigen Zwilling Richard transplantiert wurde, der acht Jahre überlebte (gestorben 1963). Die medikamentöse Therapie, die von den Empfängern befolgt werden muss, um das Organ nicht abzustoßen, ging und geht immer noch mit der Perfektionierung chirurgischer und logistischer Verfahren einher. Die ethischen Vorbehalte der Organspende sind nicht gelöst und werden es vielleicht nie sein.

In vielen Ländern mit einer konstanten Organspenderquote von 1/500.000 Einwohnern (Spanien, Italien, Frankreich) liegt diese Quote in der Schweiz bei der Hälfte, und wir können nur spekulieren, warum das so ist. Eine einfache Möglichkeit, Organspender im Todesfall zu werden, ist das Tragen eines Organspenderausweises. Was hier bleibt, ist die Definition von Tod, die fast genauso schwer zu erreichen ist wie die Definition von Gesundheit und Normalität. Die Diagnose des „Hirntods", die nach detaillierten Gehirnscans und anderen Tests gestellt wird, ist alles andere als klar. Zach Dunlap (*1996) ist der Pilotfall für dieses Thema: Dunlap erinnert sich nicht viel an den Tag, an dem er starb, aber er erinnert sich daran, wie ein Arzt ihn für hirntot erklärte. Die SWISS LANDS ist eine lokale Erweiterung der „International Association of Near-Death Studies". Das zentrale Thema ist unsere Aura der Gefühle – und jeder von uns fühlt anders. Angenommen, die verstorbene Person hat der Organentnahme zu Lebzeiten nicht ausdrücklich widersprochen. In diesem Fall führen Länder wie Österreich Widerspruchsregister, und in Italien, Portugal und Spanien gelten abweichende Widerspruchs-Regelungen. Finnland oder Norwegen gehen so weit, dass auch die nächsten Angehörigen einer postmortalen Organspende widersprechen können: erweiterte Widerspruchslösung. In der Schweiz praktizieren wir diese Fälle aktuell noch mit der Zustimmungslösung (www.swisstransplant.org), aber das Bewusstsein für Organspende wächst in großen Teilen der Bevölkerung. Die geplante Einführung der Widerspruchsregelung in der Schweiz wir voraussichtlich 2026 erwartet.

## 5.6 Künstliche Organe (Unterscheidung zwischen zellulären Organen und künstlichem Material)

Der Markt für künstliche und synthetische Organe hat sich entwickelt, seit Maximilian von Frey (1852–1932) und Max Gruber (1853–1927) (beide aus Leipzig) am Ende des 19. Jahrhunderts künstliche Herz-Lungen-Apparate für Organperfusionsstudien entwickelten (joalabe.wixsite.com/regenerative medicine artificial-organs). Im Rockefeller-Labor in New York, NY, USA, arbeiteten Charles Lindbergh (1902–1974) und Alexis Carrel (1873–1944) an der Entwicklung von Perfusionspumpen, die ein Organ außerhalb des Körpers am Leben erhalten konnten; die Carrel-Lindbergh-Perfusionspumpe ist im Smithsonian's National Museum of

American History, Washington DC, USA, ausgestellt. Synthetische Organe oder aus autologen Knochenmarkstammzellen gezüchtete Organe werden evaluiert, um die Organersatztherapie unabhängig von Spenden zu machen.

Das Gebiet der Transplantation bleibt ein Bereich, der trotz seines 70-jährigen Bestehens noch Arbeit erfordert, und mit vielen Problemen belastet ist. Zellen allein können in Volumina größer als 0,3 mm$^3$ nicht überleben. Die Natur löst dieses Problem durch Verzweigung. Tubular ist eine weitere Möglichkeit, ein Gerüst zu schaffen (Harnröhrenkanäle). Aufbereitete Gewebebiopsie (Zellen, Kultur, Zellen auf biologisch abbaubarem Gerüst) kann als Implantat genutzt werden. Das Gefäßsystem ist eine Art Bioreaktor. Die gleiche Strategie für Blutgefäße: Anstatt zu stenten, wird ein Maschinenbauingenieur einbezogen: „Das Gefäßsystem ermöglicht eine flussabhängige Endothelialisierung und der Körper beginnt so seine Arbeit als Bioreaktor". Haut ist viel einfacher, da sie keine röhrenförmige Struktur hat. Vaginale Endothelzellen: Die Ausgangszelle ist der entscheidendste Punkt. Künstliche Leber: Nehmen Sie einen Gefäßbaum und infiltrieren Sie ihn mit engagierten Leberstammzellen.

## 5.7 3D-Bioprinting

„Dies ist unser neuester Drucker, den wir ans Krankenbett bringen. Sie scannen die Wunde, dann gehen Sie hinein, und nach: Haut drucken, werden die Zellen geschichtet", berichtet die Forschungsgruppe unter der Leitung von Jeong et al. [6].

Mit dem Leipziger Apparat wird ein dünner Film von Blut, der durch Heiz- und Kühlkammern durch Probenahmeauslässe fließt, manuell durch Manometer gesteuert, um den Austausch von Blutgasen während der Perfusion zu ermöglichen. Während solche Geräte den Weg für einen vorübergehenden Ersatz, wie den extrakorporalen Blutfluss während der Herzchirurgie, eröffnet haben, werden künstliche Organe jetzt für den dauerhaften Ersatz verwendet, wie in Tab. 5.1 aufgeführt.

Die moderne Medizin basiert auf Replizierbarkeit. Seit dem Aufkommen der Keimtheorie im 19. Jahrhundert, gestärkt durch die Erkenntnisse von Louis Pasteur (1822–1895) und Robert Koch (1843–1910), hat die Medizin die Ansicht „Wenn man es nicht messen kann, existiert es nicht" eingenommen. Eine lange Geschichte der Stigmatisierung von Krankheiten machte es unmöglich – oder zumindest schwierig – Anzeichen und Symptome leicht zu messen. Jüngere Ärzte haben gelernt mit solchen Merkmalen wie geriatrischen Bewertungsscores zu arbeiten.

Der Hüftgelenkersatz war ein Durchbruch in der Verjüngung – war der Patient vor dem Eingriff auf einen Geh-Stock angewiesen, in den meisten körperlichen Aktivitäten beeinträchtigt; so sprang er nach dem Einsetzen einer künstlichen Hüfte wieder herum. Der Hüftgelenkersatz benötigte einen „Geistesblitz" und der Weg dorthin war schmerzhaft, wie der Harvard-Chirurg William Harris (*1927) die Rückschläge auf dem Weg zu einer bahnbrechenden Zusammenarbeit beschreibt, die ein großes Problem in der Hüftgelenkersatzchirurgie korrigierte. John Charnley (1911–1982), der britische Orthopäde, wagte es als Erster, Patienten, deren Hüftgelenksarthrose selbst den einfachen Gang durch den Raum erschwert hatte, schmerzfreie Bewegung und ein aktives Leben auf wundersame Weise wiederherzustellen.

**Tab. 5.1** Künstliche Organe und Transplantate mit Beispielen für funktionale Leistung aufgelistet

| Zu ersetzendes Organ | Künstliches Organ | Funktionale Leistung |
|---|---|---|
| *Transient* | | |
| Herz/Lunge | Extrakorporale Zirkulation | O₂ Transport |
| Herz/Lunge | Mechanische Kreislaufunterstützung | O₂ Transport |
| | Ventrikuläre Unterstützungssysteme | |
| Niere* | Hämodialyse | Eliminierung von Kreatinin* |
| Beta-Zellen (Pankreas) | Insulinpumpe | Normalisierung des Blutzuckerspiegels |
| *Permanent* | | |
| Hüfte | Prothese | Gehfähigkeit |
| Herzklappe | Biologisch / synthetisch | Trennung des arteriellen Blutkreislaufs |
| Augenlinsen-Katarakt | Silikon- oder Acryllinse | Fokussierungskraft des Sehens |
| Duchenne Muskeldystrophie | Herzimplantate bei Neugeborenen | |
| **Auszutauschendes Organ** | **Transplantate** | |
| Herz | Ganzes Herz | Blutzirkulation |
| Niere | Eine Niere | Blutreinigung |
| Leber | Ganze Leber, oder Teile von ihr | Proteinsynthese |
| Lunge | Einen oder zwei Lungenflügel | O₂ Aufnahme, CO₂ Beseitigung |
| Pankreas | Inselzellen | Insulinproduktion |
| Darm | | Verdauung |
| Haut | | Schutz |
| Blut / Komponenten | Thrombozyten | Hämostase |
| Knochenmark | Stammzellen | Repopulation / Wiederherstellung der Blutzellen |

**Hinweis:** Niere*, Kreatinin*, Kreatinin-Gehalt des Urins, Stoffwechselabfallprodukt, wird verwendet, um die Nierenfunktion abzuschätzen

Er und Hansjörg Wyss (*1935), der Berner Ingenieur, halfen bei der Entwicklung der becherförmigen Hüftpfanne aus Teflon, bekannt für ihre Glätte. Der obere Teil des Oberschenkelknochens wird am Ende eines stabförmigen Metallimplantats in dessen Zentrum eingesetzt, und der runde Kopf des Implantats passt in die Pfanne. Jetzt haben Forscher ein neues Material geschaffen, von dem sie glauben, dass es einen jahrzehntelangen Nachteil des Versagens künstlicher Gelenke verbessert. Das neue Material, das am Harvard-angegliederten Massachusetts General Hospital (MGH) entwickelt wurde, wird Marathonläufern, Ironman-Teilnehmern oder anderen, die besonders starke Implantate benötigen, zugutekommen (The Harvard Gazette 2007). Die heute verfügbaren künstlichen Organe sind in Tab. 5.1 aufgeführt.

Die Kosten dieser neuen Möglichkeiten, gesunde Leben zu verlängern, müssen angesprochen werden. Die Versicherungsbranche ist etwas älter als verjüngende Maßnahmen: In seinem jüngsten Buch: *Life* (Polity Press, Cambridge UK 2018), erzählt uns Didier Fassin (*1955), der französische Anthropologe, über den entscheidenden Moment, in dem die Konfrontation zwischen der christlichen Ideologie des heiligen Lebens und der Vorrangstellung des Menschen und ihrer wirtschaftlichen Rationalität des monetären Äquivalents zum Leben und der Hierarchie in der Welt von uns Menschen zusammentreffen. Diese Themen sind relevant beim Weltwirtschaftsforum (WEF) in Davos (Schweiz), das dem Prinzip folgt, dass Einzelpersonen regelmäßige Prämien für die Kapitalakkumulation zahlen. Lebensversicherung beginnt in wohlhabenden Ländern als sakrilegisch empfunden zu werden, nicht zuletzt, weil der Verlust eines Vaters und Ehemanns mit einem Scheck an seine Witwe und Waisen kompensiert wird. „Die Mennoniten gingen so weit, diejenigen ihrer Mitglieder zu exkommunizieren, die ihr Leben versicherten", fährt Fassin fort. Angesichts dieses heftigen Widerstands arbeiteten die Versicherungsunternehmen daran, das Image ihrer Branche zu transformieren. Die Idee, oder besser gesagt, in unserem Kontext, die Tatsache, dass menschliches Leben zu einem monetären Äquivalent werden könnte, setzt sich allmählich durch. U. Nydegger war nicht überrascht, dass die Pharmaindustrie lebensrettende Medikamente aus nicht vergüteten (vom Roten Kreuz überwachten) Blutspenden herstellte, wie Albumin und Immunglobulin aus menschlichem Plasma, die die Unternehmen reich machten (z. B. Sandoz©, Grifols©, Octapharma©, CSL Behring©). Hier müssen wir die Darstellung des Kapitalismus in der Öffentlichkeit moralisieren. Fassin würde sagen: eine Form der Transzendenz der Finanzwelt durch eine informative Rede über die verlängerte Lebenserwartung derjenigen Individuen, die sich während ihres weltlichen Lebens verantwortungsbewusst verhielten, um Ressourcen für diejenigen zu hinterlassen, die sie überlebten.

Der Roman *Homo Faber* von Max Frisch (1911–1991), der viel über Verantwortung und Ethik schrieb, informiert den Leser über das Leben eines erfolgreichen Ingenieurs, der an der Eidgenössischen Technischen Hochschule Zürich (ETH Zürich) arbeitet und als Bote der UNESCO nach Amerika reist. Geschrieben zu einer Zeit, als das Silicon Valley, künstliche Organe und transhumanistische Gedanken noch nicht im Rampenlicht standen, hilft *Homo Faber* uns immer noch, die aktuellen Entwicklungen bei Künstlicher Intelligenz und Robotik zu verstehen. Auf der gleichen Linie beherbergt die ETH Zürich ein Cellulose- und Holzwerkstofflabor für Materialien und Wissenschaft (www.empa.ch). Sie unterscheiden MedTech von HealthTech, und durch den Einsatz von Wearables könnten sie Wege eröffnen, den Seneszenzprozess in jedem Stadium zu modulieren.

## 5.8 Lebend-Transplantation

Fortschritte bei der Lagerung von Lebensmitteln, insbesondere Fleisch, im Kalten und/oder Gefrorenen erlangten neue öffentliche Aufmerksamkeit, als der Nobelpreis für Chemie 2017 an drei Forscher verliehen wurde, darunter der Schweizer Jacques Dubochet (*1942), für ihre Arbeit an der Kryo-Elektronenmikroskopie. Wassermoleküle kristallisieren in einem streng regelmäßigen Gitter, wobei ein Molekül mit drei anderen interagiert, um Kristalle zu bilden. Während Kälte die metabolischen/enzymatischen Prozesse im Gewebe beruhigt und das bakterielle Überwuchern verhindert, schaltet das Einfrieren sie ab. Das Einfrieren von Geweben hat eine langjährige Erfahrung in der Bluttransfusionsgemeinschaft, die Blutplasma bei

− 20 °C oder kryogeschützte rote Blutkörperchen einfriert. Das Erythrozyten-Einfrierprogramm der britischen Armee in Aldershot (Hampshire, UK) wurde eingestellt und durch moderne Kryoprotektoren wie Apatit-Nanopartikel verbessert.

Die Arbeit von Dubochet und Kollegen hat nun ein Verfahren ermöglicht, welches das Einfrieren so beschleunigt, dass Wasser keine Zeit hat, Kristalle zu bilden, die zumindest teilweise Gewebeproteine zerstören. Sie nennen ihre Methode „Vitrifikation" von Wasser: Kristallbildung in ihrer besten Form mit Transparenz wie Glas.

Solche Fortschritte beflügeln derzeit die Kryokonservierungswissenschaft mit vielen Fachgruppen. Allein in der Schweiz sind **cryosuisse.ch, swisscryotherapy.com** und **cryomedswiss.com** aktiv, und Gewebekonservierung und Biobanking sind Themen, die einen beträchtlichen Teil von Expertentreffen weltweit einnehmen.

Chemikalien, die von arktischen Tieren inspiriert sind, könnten Transplantationsorgane länger lebensfähig halten. So werden an der Universität Warwick in Großbritannien in einigen Arten von arktischen Fischen und bei dem Waldfrosch (Wood frog), auch Eisfrosch genannt, Proteine, die das Einfrieren des Blutes verhindern, was ihnen ermöglicht, in extremer Kälte zu gedeihen, untersucht.

Die Transplantationsmedizin bildet ein eigenes Kapitel, inspiriert von der Transfusionsmedizin. Allotransplantation, d. h. die Übertragung eines Organs innerhalb derselben Spezies, und Xenotransplantation, d. h. die Übertragung eines Organs zwischen verschiedenen Spezies, sind hochfinanzierte klinische Forschungsthemen. Ein bedeutender Fortschritt wurde im späten 20. Jahrhundert erzielt, als die HLA-Systemkompatibilität gut kontrolliert wurde und die ABO-Histoblutgruppendifferenzen zwischen Spender und Empfänger ebenfalls überwunden wurden. Das durchschnittliche Spenderalter steigt, und die meisten Transplantationsteams ziehen Transplantate von älteren Spendern in Betracht. Lebertransplantate von ausgewählten Spendern über 70 Jahre stellen keine zusätzlichen organspezifischen Risiken dar und haben somit vergleichbare Transplantationsergebnisse. Wenn eine solche Art der Transplantation üblich wird, wird die quantitative Schätzung des Seneszenzgrades der Leber eines Spenders wichtig. Viele Menschen ignorieren, dass man ein Organ spenden kann, selbst wenn man alt wird: 2015 erreichte der älteste Organspender in der Schweiz das Alter von 86 Jahren, während er verstarb und Leber und Nieren spendete.

## 5.9 Xenotransplantation

Tiere als Organspender für Transplantationen beim Menschen, kurz unter dem Begriff Xenotransplantation zusammengefasst, befinden sich nun im sechsten Jahrzehnt der Austestung mit immer größerer Hoffnung, dass es in naher Zukunft gut funktionieren wird.

Xenotransplantation steht im Einklang mit ermutigenden Erkenntnissen, die letztendlich die Xenotransplantation in die Klinik bringen werden. Mit der Einführung von Galactose-$\alpha$1,3-Galactose (Gal)-Knockout-Schweinen wurde eine verlängerte Überlebenszeit, insbesondere bei Herz- und Nieren-Xenotransplantationen, verzeichnet. Man verbringt viel Zeit damit, genetisch veränderte Schweine zu züchten, aber Fortschritte in der Genbearbeitung, wie Zinkfingernukleasen, Transkriptionsaktivator-ähnliche Effektor-Nukleasen und heutzutage der Einsatz der Clustered Regularly Interspaced Short Palindromic Repeats (CRISPR)-Technologie, machten die Produktion genetisch veränderter Schweine plötzlich einfacher. Heute erreichte das Überleben von Schwein-zu-Nicht-Mensch-Primaten heterotopen Herz-, Nieren- und Inselzellen-Xenotransplantationen jeweils mehr als 900, mehr als 400 und mehr als 600 Tage. Die Verfügbarkeit von Mehrfach-Gen-Schweinen (fünf oder sechs genetische Modifikationen) und Mittel zur Blockierung der Stimulierung verschiedener Gene beschleunigt Projekte für klinische Studien [7]. Ein einzigartiges Unternehmen in der Transplantationswissenschaft ist die Insel San Servolo in Venedig (Italien), die ein Konsortium von 20 Universitäten aus der ganzen Welt beherbergt: Venice International University. Hier vereint sich die Wissenschaft mit dem globalen Wissensaustausch und hat bereits mehrere Fortschritte hervorgebracht, darunter im Bereich der Xenotransplantation (Robert Rieben, PhD, Universität Bern, Schweiz). Dies bedeutet nicht, dass das Leben keinen Preis hat; daher korreliert der Preis, den man zahlt, mit der Versicherung, die man sich leisten kann; es ist eine schreckliche Vision, sich Despoten vorzustellen, die das Alter von 80 Jahren erreicht haben und in guter Gesundheit auf 60 Jahre zurückkehren.

## Literatur

1. Robertson D (2010) The philosophy of cognitive-behavioral therapy. 318 S
2. Gauthier F (2013) Religion in consumer society. 268 S
3. Kriegman S, Blackiston D, Levin M (2021) Kinematic self-replication in reconfigurable organisms
4. Saggio I (2022) L'età, se esiste, S 144
5. Lanza F, Seghatchian J (2020) An overview of current position on cell therapy in transfusion science and medicine: from fictional promises to factual and perspectives from red cell substitution to stem cell therapy. Transfus Apher Sci 59:102940
6. Jeong YR, Kim J, Xie Z, Xue Y, Won SM, Lee G et al (2017) A skin-attachable, stretchable integrated system based on liquid GaInSn for wireless human motion monitoring with multi-site sensing capabilities. NPG Asia Mater 9:e443
7. Ekser B, Li P, Cooper DKC (2017) Xenotransplantation: past, present, and future. Curr Opin Organ Transplant 22(6):513–521

# 6 Überschneidung Seneszenz/Chronische Krankheit

*Cupidus Rerum Novarum*
*Aristoni et Pyrrhoni omnino visa sunt pro nihilo, ut inter optime valere et gravissime aegrotare nihil prorsus dicerent interesse.*
*Aristo und Pyrrho hielten all diese Dinge für völlig wertlos und sagten, dass es absolut keinen Unterschied zwischen der vollkommensten Gesundheit und der schwersten Krankheit gebe.*

*(Cicero De Finibus Buch II, xiii)*

## 6.1 Mehrdeutigkeit zwischen zwei verschiedenen medizinischen Zuständen

Das Alter setzt sich durch. Es ist herausfordernd, eine Zeit des Lebens, die durch den Verlust von Kraft, zunehmende Gebrechlichkeit, steigendes Krankheitsrisiko und abnehmende kognitive Fähigkeiten gekennzeichnet ist, leichtfertig zu betrachten.

Viele universitätsnahe oder stiftungsbasierte Institutionen haben begonnen, den alternden Menschen mit der Seneszenz als Hintergrund zu studieren. Tab. 6.1 listet bedeutende Institutionen im Internet, in Zeitungsartikeln, wissenschaftlichen Arbeiten oder auf Tagungen auf.

Mit der fortlaufenden Verlängerung der Lebenserwartung und der wachsenden Zahl von Hundertjährigen richten sich die Forschungsbemühungen darauf, die medizinische Bedeutung von Veränderungen in Fitness, Wachsamkeit, zellulären und humoralen Werten routinemäßiger Labortests bei älteren Menschen zu erforschen. In der Schweiz kommen jedes Jahr zwischen 1500 und 1700 Hundertjährige hinzu. Das Dorf Perdasdefogu (Sardinien, Italien) zählt nun 10 ansässige Bürger, welche 100 Jahre alt oder älter sind unter der Gesamtzahl der Einwohner (1825), und die Universität von Cagliari, Italien, lässt ihre Studenten ihre Abschlussarbeiten

**Tab. 6.1** Klinische und Laborstudien, die mit älteren Menschen durchgeführt wurden (Auswahl)

| Studiendesign | Veranlasst durch | Kontinuierliches Rekrutieren | Rekrutierung der Probanden durch |
|---|---|---|---|
| Georgia Centenarian Study | Universität Georgia | + | Einladung |
| Yale Program on Aging | Universität Yale, medicine.yale.edu | + | Kanditatur |
| Iowa State University Centenarians | Universität Iowa | + | Einladung |
| Banner Alzheimer Institute University of Arizona | private Initiative | + | Kanditatur |
| Baltimore Longitudinal Study of Aging | Universität Baltimore, National Institute on Aging (NIA) | + | Kanditatur |
| PolSenior | Polnische Regierung | – (ca. 6000) | Kanditatur |
| SENIORLABOR | Universität Bern und Labor Dr. Risch www.risch.ch | – (1467) | Einladung |
| DO-HEALTH | Universität Zürich | – (2157) | Einladung |

**Hinweis:** Daten, die teilweise aus URL-Quellen stammen, sind Änderungen unterworfen

zu dem Thema schreiben: Was lässt einen Menschen 100 Jahre alt werden, welche Rolle spielt die Seneszenz dabei?

Mehrere medizinische Diagnosen und Zustände, die bei älteren Menschen auftreten, sind entweder darauf zurückzuführen, dass sie sich im alternden Subjekt entwickeln, oder weil sie bestehen bleiben und sich durch Krankheiten verschlechtern, die in jüngeren Jahren vorhanden waren. Die meisten Studien, die mit Hundertjährigen als Probanden veröffentlicht wurden, bezeugen relativ wenige offensichtliche Krankheiten wie Krebs, Bluthochdruck oder endokrinologische Störungen [1]. Dies erweckt den Eindruck, dass hohes Alter uns vor einer lebensbedrohlichen Krankheit bewahrt, gemäß der früheren Sichtweise bei Überlebenden (Survivor), Verzögerern (Delayer) und Entkommenen (Escaper) [2] und Comprehensive Geriatric Assessment (CGA)-Scores, die für den Quervergleich mit Parametern verwendet werden, die nicht in den Score-Bewertungen enthalten sind – allzu oft geht es um die neurologischen Systeme; Collin Ewald leitet solche Forschungen an der ETH Zürich (*1980).

Es gibt über 1000 Krankheiten, die die U.S.-National Organization for Rare Disorders (NORD) als selten klassifiziert. Die Forschung zur gesamten Lebenserwartung versucht nun, Risikofaktoren in der frühen Kindheit zu identifizieren, die später Probleme verursachen können. Die Medizin führt Untersuchungen bei zugegebenermaßen gesunden, gut trainierten Individuen durch, oft Personen, die sich Sorgen machen, krank zu werden: Wir finden diese Mitmenschen in entwickelten Gemeinschaften, oft unter Veganern, Nichtrauchern, Impfverweigerern, Anti-Alkoholikern, die eine lebenslange Perspektive auf die Entstehung von Krankheiten einnehmen. Dies öffnet die Tür für frühere Diagnosen und Interventionen und die Fähigkeit, die Auswirkungen von Krankheiten zu verringern, wenn diese Menschen altern. Nikotinabhängigkeit ist ein Bedürfnis nach Nikotin bei Individuen, die nicht aufhören können, es zu verwenden. Nikotin erzeugt vorübergehend angenehme Effekte im Gehirn mit dem Bedürfnis nach der nächsten Zigarette.

6.1 Mehrdeutigkeit zwischen zwei verschiedenen medizinischen Zuständen

**Abb. 6.1** *Der Raucher*. Werner Otto Leuenberger (1932–2009), ein Mitglied der Berner Avantgarde-Künstler, oft mit einer Zigarette auftretend, stellt Rauch eindrucksvoll dar (obere rechte Ecke des Gemäldes), Öl auf Leinwand 1981, 100 × 80 cm. (Foto: die Autoren)

Je mehr man raucht, desto mehr Nikotin braucht man, um sich gut zu fühlen. Der Versuch, damit aufzuhören, führt zu unangenehmen mentalen und physischen Veränderungen: Symptome des Nikotinentzugs treten auf, aber: unabhängig davon, wie lange man raucht, wird das Aufhören die Gesundheit verbessern (Abb. 6.1). U. Nydegger assistierte bei mehr als 150 Autopsien in den 1960er-Jahren. – Die Lungen des Rauchers waren schwarz, selbst wenn anamnestische Informationen dem Pathologen sagten, dass der Verstorbene Filterzigaretten benutzte!

Lungenschäden werden jetzt auch als nachteilige Folge der mechanischen Ventilation (Klimaanlagen) am Arbeitsplatz anerkannt. Durch Beatmungsgeräte induzierte Lungenschäden können zu Lungenödem, Barotrauma und verschlechterter Hypoxämie führen, die die mechanische Beatmung verlängern, zu einer Multisystem-Organ-Dysfunktion führen und die Sterblichkeit erhöhen, insbesondere bei Arbeitnehmer:innen, die ihr Berufsleben in belüfteten, geschlossenen Räumen verbringen.

Posttraumatische Belastungsstörung ist ein Cluster schwerer und anhaltender Symptome, die nach einer längeren Traumatisierung auftreten, und Borderline-

Persönlichkeitsstörung ist ein psychischer Befund, der durch instabile Emotionen gekennzeichnet ist, die das Selbstbild eines Patienten berühren und Demenz nachahmen könnten. Geschätzte bevölkerungsbezogene Anteile großer Kohorten, die an Demenz leiden, zeigten, dass Sehbeeinträchtigung und Blindheit wesentliche Risikofaktoren für die Verschärfung von Demenz sind. Die Biologie ist an eine gegebene Periode oder einen Kontext angepasst, was sich später im Leben auszahlen könnte. Manchmal ist das Schicksal bereits besiegelt, wenn jemand aufgrund von Ereignissen, die früher im Leben eingetreten sind, in ein hohes Alter kommt.

Der Alterungsprozess wirkt von Beginn des Lebens an. Ludwig van Beethoven (1770–1827) schrieb den Mount Everest der Violinkonzerte in D-Dur op. 61, im Jahr 1806, als die Wolken seiner Taubheit am Horizont der Kreativität des Meisters aufstiegen. Viele biologische, soziale, umweltbedingte und klinische Fragen sind von großer Bedeutung, aber viele unbeantwortete Fragen bleiben. Für einige Autoren (zum Beispiel Martin Hürlimann (1897–1984)) machte der früh einsetzende Hörverlust von Beethoven (1770–1827) eine ansonsten fürsorgliche Persönlichkeit zu einem introvertierten, steifen und zurückgezogenen Individuum, wie Beethoven selbst schrieb: „Oh, ihr Menschen, die ihr mich feindselig, stur und menschenfeindlich beurteilt, wie falsch und ungerecht ihr seid. Ihr ignoriert den geheimen Grund für dieses Erscheinungsbild. Von Kindheit an waren mein Herz und meine Sinne immer wohlwollend, bereit, jederzeit Gutes zu tun. Doch seit 6 Jahren ist mir das Schicksal einer hoffnungslosen Situation auferlegt worden: die schlechte Leistung meines Gehörsinns – den ich frühzeitig in Perfektion besaß – treibt mich in den Wahnsinn, so sehr, dass ich mehr als einmal an Selbstmord dachte. Es ist nur meine Leistung als Künstler, die mich zurückhält – ich fühlte, es sei unmöglich, die Welt zu verlassen, bevor ich alle Projekte erreicht habe und ein behindertes Leben führe. Herr, du schaust auf meine Seele herab. Du weißt es am besten. Du bist überzeugt, dass ich in meiner tiefsten Seele die Menschen liebe und dass diejenigen, die mich widerspenstig beurteilen, die Ungerechtigkeit ignorieren, die das Schicksal auf mich ausübt. Oh Mensch, wenn du dies einmal gelesen hast, wirst du erkennen, wie du mich und die Unglücklichen falsch beurteilt hast, indem du nach Gleichgesinnten suchst, die vom gleichen Schicksal betroffen sind, wirst du hoffen, es rechtzeitig vor dem Tod erreicht zu haben. Leidenszustand: komm früh, komm wann du willst, ich werde dir begegnen – auf Wiedersehen und vergiss nicht, wenn ich sterbe, dass ich dich aufrichtig geliebt habe, um dich glücklich zu machen" Ludwig van Beethoven, 06. Oktober 1802 (Heiligenstädter Testament, freie Interpretation des Textes durch die Autoren). Mit zunehmendem Alter verschiebt sich das Inzidenzrisiko von übertragbaren zu nicht übertragbaren Krankheiten.

Die minimale Resterkrankung (MRD, minimal residual disease), auch bekannt als molekulare Resterkrankung, ist eine Diagnose, die für die Erforschung von Überschneidungen zwischen Seneszenz und chronischen Krankheiten untersucht wird. Sie ist keineswegs „minimal"! Ursprünglich von Bedeutung in der therapeutischen Entscheidungsfindung in der Onkologie bei Krankheiten wie dem Multiplen Myelom, müssen wir uns vorstellen, dass diese Erkrankung eine vorzeitige Seneszenz nachahmt. In der Tat ist das Myelom eine Krankheit mit weit verbreiteter genomischer Instabilität und klonaler Heterogenität, die wahrscheinlich auch während der

Seneszenz auftreten. Ein weiteres Betätigungsfeld, das sich für diejenigen öffnet, die an der Genomik der Seneszenz interessiert sind, ist der Anstieg hämatopoetischer Stammzellen im Alter, die somatische Mutationen erwerben: Der neue Zelltyp wird dann unter der Bezeichnung CH subsumiert. CH bedeutet hier nicht die Schweiz (Confoederatio Helvetica), sondern die Abkürzung für Klonale Hämatopoese (CH, clonal hematopoiesis), die bei Menschen ab einem Alter von 40 Jahren auftritt. Bei Mäusen beginnt die CH in 2-jährigen Tieren. Trotz ihrer Unterschiede in gealterten Stammzellen waren Mutationen in gealterten Maus-Stammzellen auf ähnliche genomische Regionen verteilt, die von einer Anreicherung von C > T-Übergängen an CpG-Dinukleotiden dominiert wurden (siehe Kap. 2). Der Einsatz genetisch modifizierter Mäuse mit human-nachahmenden Mutationen (human-mimicking mutations) in CH-Genen steht kurz davor, intensiv untersucht zu werden.

Die nicht übertragbaren chronischen Krankheiten wie Krebs, Herz-Kreislauf-Erkrankungen, Nierenerkrankungen, Makuladegeneration und Katarakt können die physiologische Seneszenz beschleunigen [3].

Das Erkrankungsalter ist ein medizinischer Begriff, der sich auf das Alter bezieht, in dem eine Person eine Krankheit oder Störung erwirbt, entwickelt oder erstmals Symptome davon erfährt. Zum Beispiel liegt das allgemeine Erkrankungsalter für die Wirbelsäulenerkrankung Skoliose bei „10–15 Jahren", was bedeutet, dass die meisten Menschen Skoliose entwickeln, wenn sie zwischen zehn und fünfzehn Jahre alt sind.

Krankheiten müssen von Gewohnheiten und schlechten Gewohnheiten getrennt werden. Vom Erscheinungsbild der Haltung muss man alltägliche Praktiken wie das Räuspern und das Kratzen im Gesicht trennen. Da der Blick oder die Stimme Marker unserer Identität sind, müssen Haltung und fehlerhafte Körperhaltung als psychokörperliche Marker der Seneszenz aufgeführt werden. Astérix steht in allen Zeichnungen dieser französischen Kultfigur aufrecht, jung und blühend. Anthropologische Studien zeigen nun, dass aufrechte Haltung ein Merkmal von Vorwärtsstreben, Jugend und Entscheidungsfindung ist, während ein gebeugter Rücken eher einen sensorischen, gewichtigen, wenn nicht gar von den Jahren ermüdeten Lebensstil symbolisieren würde: Seneszenz. Zähneknirschen (Bruxismus), bei einigen Individuen Ausdruck von Stress, kann auch mit den Jahren nachlassen.

Das Erkrankungsalter von psychischen Gesundheitsstörungen hat sich als schwieriger zu definieren erwiesen als das von körperlichen Krankheiten. Die Symptome häufiger psychischer Störungen beginnen oft unspezifisch. Pathologische Veränderungen, die mit Störungen zusammenhängen, werden detaillierter und weniger wechselhaft, bevor sie definiert werden können, etwa im DSM (Diagnostic and Statistical Manual of Mental Disorders) der American Psychiatric Association (www.psychiatry.org). Krankheiten werden oft nach ihrem Erkrankungsalter als angeboren, infantil, juvenil oder erwachsen kategorisiert. Das Gehirn ist ein dynamisches und komplexes System, das sich ständig neu verdrahtet. Was im Gehirn im frühen Leben passiert, das wird später seinen psychopathologischen Zustand widerspiegeln. Wir machen hier einen kurzen Schnitt aus Beobachtungsstudien, die gesunde Freiwillige einschließen; es gibt zwei Hauptverfahren, um Probanden für solche Studien zu rekrutieren: durch proaktive Einladung und durch die Kandidatur der proaktiven Einladung.

## 6.2 Beispiele für Seneszenzstudien

Um einige Beispiele früher Studien, die hauptsächlich in den Vereinigten Staaten von Amerika initiiert wurden (Tab. 6.1) und als Modelle für eine ständig wachsende Anzahl von Folgebeobachtungen über ältere Menschen gedient haben kennenzulernen, sollen diese nun kurz aufgezeigt werden.

### 6.2.1 Georgia Centenarian Study

Die Georgia Centenarian Study konzentrierte sich auf die sehr Alten und versuchte zu beschreiben, wie die Persönlichkeitsmerkmale älterer Erwachsener mit Komponenten erfolgreichen Alterns (Kognition, Freiwilligenarbeit, Aktivitäten des täglichen Lebens und subjektive Gesundheit) verbunden sind. Dreihundertsechs Achtzigjährige und Hundertjährige, die an der dritten Phase der Georgia Centenarian Study teilnahmen, lieferten Daten für diese Studie. Tests wurden durchgeführt, um die Existenz von zwei definierten Persönlichkeitsmerkmalen zu prüfen. Außerdem wurde eine blockierte multiple Regressionsanalyse durchgeführt, um die Assoziation zwischen Persönlichkeitsmerkmalen und vier Komponenten erfolgreichen Alterns zu untersuchen. Die Ergebnisse zeigten, dass niedrige Werte in Neurotizismus und hohe Werte in Extraversion, Offenheit für Erfahrungen, Verträglichkeit und Gewissenhaftigkeit signifikant mit den Komponenten erfolgreichen Alterns verbunden sind. Die Wahrscheinlichkeit, sich ehrenamtlich zu engagieren, ein höheres Mass an Aktivitäten des täglichen Lebens (dieses Buch zu schreiben!) und höhere Niveaus subjektiver Gesundheit waren ebenfalls positiv mit Kognition und Engagement in Freiwilligenarbeit assoziiert. Wir verweisen hier auf einen angenehmen Aspekt der Seneszenz, der zu einer nachdenklichen Aktivität führt, die für jüngere Menschen in ihrer Suche nach Erfahrung wertvoll ist. Psychologische Elemente öffnen die Tür, um Beispiele für Wissen, Einsicht und Know-how darzustellen, die das Alter mit den Jahren mit sich bringt, d. h. Merkmale, die jungen Menschen meist noch fehlen.

### 6.2.2 Yale Y-Age

Ohne groß angelegte Planung und forschungsbasierte Interventionen wird unsere alternde Gesellschaft mit potenziell unlösbaren Gesundheits- und sozioökonomischen Herausforderungen konfrontiert sein: Diese Situation wurde als „Silberner Tsunami" bezeichnet. Das Yale Center for Research on Aging (Y-Age) ist ein wachsendes interdisziplinäres Forschungsprogramm in der Alternswissenschaft und der Biologie des Alterns mit bedeutenden Wachstumschancen im anregenden und interaktiven Yale-Umfeld (Yale University, New Haven, Connecticut, USA). Die Forschungsaktivitäten von Y-Age konzentrieren sich darauf, unser wissenschaftliches Verständnis der molekularen Mechanismen, die das Altern steuern, zu erhöhen und diese Entdeckungen in Interventionen zu übersetzen, um gesundes Altern zu fördern und häufige altersbedingte Krankheiten und Pathologien zu bekämpfen.

### 6.2.3 Centenarians in Iowa

Für dieses Programm, die Centenarians in Iowa, USA, tritt jeder Erwachsene, der bis zum 31. Dezember 2021 100 Jahre alt oder älter wird und dessen Hauptwohnsitz Iowa ist, in das Protokoll ein. Das Iowa Department on Aging belohnt die Person. Es verspricht seinen Hundertjährigen ein Profil auf einer Website, das aus ihrem Vornamen, Bild und lustigen Informationen besteht, die über das Formular mitgeteilt werden: ein origineller Ansatz, um Gesundheitsdaten von sehr alten Menschen zu erhalten.

### 6.2.4 Banner Alzheimer's Institute

Das Banner Alzheimer's Institute und die University of Arizona Health Sciences profitieren vom Toole Family Memory Center am Banner Alzheimer's Institute in Tucson, USA. Es bietet umfassende Dienstleistungen für Patienten und Familien und führt Forschungsstudien zur Behandlung und Prävention von Gedächtnisstörungen durch. Das Gedächtniszentrum ist nach der Familie Toole aus Tucson benannt, die 5 Mio. Dollar an die Banner Alzheimer's Foundation gespendet hat, um das Banner Alzheimer's Institute nach Süd-Arizona zu bringen.

### 6.2.5 Die Baltimore Longitudinal Study of Aging (BLSA)

Die BLSA wird vom National Institute of AGING (NIA) in den USA durchgeführt. Ältere Menschen können sich für eine Vielzahl von geriatrischen Bedingungen bewerben. Die longitudinale Nachverfolgung eines bestimmten Individuums durch die BLSA hilft, ein genaues Bild des normalen Alterns zu bewerten. Vor der BLSA führte man Querschnittsstudien durch. Die meisten Unterschiede zwischen diesen Gruppen konnten möglicherweise nicht dem Alter zugeschrieben werden, sondern waren das Ergebnis von Lebenserfahrungen, Genetik oder Umweltfaktoren. Stellen Sie sich vor, Sie vergleichen zwei Menschen, von denen einer zwei Kriege erlebt hat und der andere in einer friedlichen und wohlhabenden Gesellschaft aufgewachsen ist. Jedes Alter könnte unterschiedlich sein, aber der Effekt des Alters allein bleibt schwer zu sortieren. Indem man dieselben Individuen über die Zeit betrachtet, werden externe Einflüsse reduziert. Langzeitforschung ermöglicht es, Tausende von Fallstudien über das menschliche Altern zu sammeln.

### 6.2.6 PolSenior 2

Dies ist eine polnische landesweite Umfrage über ältere Polen, ihre sozioökonomische Situation und ihre Lebensqualität, die im Rahmen des Nationalen Gesundheitsprogramms für 2016–2020 durchgeführt und vom Gesundheitsministerium finanziert wird. Im Rahmen der Projektagenda wird eine repräsentative Gruppe – in

Bezug auf Alter, Geschlecht und Wohnort – von fast 6000 polnischen Bürgern im Alter von 60–106 Jahren untersucht. Die Forschungsmethodik basierte auf Fragebögen, der Analyse verschiedener Blut- und Urinparameter der Befragten, einfachen Fitnesstests und Messungen von Parametern, die für die Gesundheit älterer Erwachsener wichtig sind. Die Skalen und Tests, die in der Comprehensive Geriatric Assessment (CGA, umfassenden geriatrischen Bewertung) enthalten sind, waren ebenfalls bedeutende Elemente der Studie. Die Ergebnisse werden in Form einer allgemein zugänglichen Monografie veröffentlicht und verbreitet.

## 6.2.7 DO-HEALTH

DO-HEALTH, initiiert von Heike A. Bischoff-Ferrari, Universität Zürich, Zürich (Schweiz), rekrutierte 2157 in einer Gemeinschaftsunterkunft lebende Männer und Frauen > 70 Jahre und älter (ein Alter, in dem chronische Krankheiten erheblich zunehmen) aus 5 europäischen Ländern (1006 aus der Schweiz). Einfache Heimübungsprogramme und/oder Vitamin D- und/oder Omega-3-Fettsäuren-Einnahmen wurden über 3 Jahre hinweg eingehalten. Dieses Studiendesign ermöglichte es, den Nutzen der Interventionen bei der Prävention von 5 primären Endpunkten zu testen:

- Das Risiko von nicht-vertebralen Frakturen
- Das Risiko eines Funktionsverlusts
- Das Risiko eines Blutdruckanstiegs
- Das Risiko eines kognitiven Rückgangs
- Die Rate von Infektionen

Kritische sekundäre Endpunkte umfassten das Risiko von Hüftfrakturen, die Sturzrate, Schmerzen bei symptomatischer Kniearthrose, gastrointestinale Symptome, mentale und orale Gesundheit, Lebensqualität und Lebenserwartung. DO-HEALTH-Senioren wurden über 3 Jahre hinweg persönlich und in 3-monatigen Abständen (vier klinische Besuche und neun Telefonanrufe) an den sieben Rekrutierungszentren verfolgt.

## 6.2.8 SENIORLABOR-Studie

Die beobachtende SENIORLABOR-Studie umfasste 1467 gesunde ältere Menschen > 60 Jahre aus dem Schweizer Mittelland. Einige Ergebnisse dieser Studie werden in Kap. 9 gezeigt. Lassen Sie uns hier berichten, wie wir bei der Initiierung von SENIORLABOR [4] argumentierten.

Als medizinische Labortests in den 1950er-Jahren Teil der medizinischen Praxis wurden und die Nutzung automatisierter Labortests in Mode kam, wurden die Normalwerte von Labortests mit gesunden Blutspendern aus der Arbeitswelt festgelegt. Schon früh lehrten uns Kinderärzte, dass Kinder und junge Erwachsene spezifische, altersbezogene Normalwerte aufweisen – nicht nur bei endokrinologischen

Tests, sondern auch bei Standardtests wie Hämoglobinkonzentration, Leberenzymen und Kreatinin. Es war daher logisch und zwingend erforderlich, die Normalwerte, die in der Sprache der Laborfachleute (FAMH) als Referenzintervalle bezeichnet werden, der älteren Menschen zu hinterfragen. Seitdem wurden viele Studien mit älteren Personen veröffentlicht und werden mit Nachuntersuchungen fortgesetzt.

Es besteht kein Zweifel, dass weitere Studien folgen werden, nicht zuletzt um Medikamente zu entwickeln, die darauf abzielen, Gebrechlichkeit zu lindern (Kap. 10). Die Unterscheidung/Trennung zwischen Seneszenz und Krankheit, wird durch auf die Altenpflege angepasste aufstrebende Technologien erleichtert. Überwachungsgeräte werden es Ärzten ermöglichen, datengesteuerte Interventionen zu verschreiben, die Klinikern und Pflegekräften kritische Einblicke in den Gesundheitszustand der älteren Menschen, die sie betreuen, gewähren.

## Literatur

1. Jopp DS, Park M-KS, Lehrfeld J, Paggi ME (2016) Physical, cognitive, social and mental health in near-centenarians and centenarians living in New York City: findings from the Fordham Centenarian Study. BMC Geriatr [Internet] 16(1):1. https://doi.org/10.1186/s12877-015-0167-0
2. Lung T, Di Cesare P, Risch L, Nydegger U, Risch M (2021) Elementary laboratory assays as biomarkers of ageing: support for treatment of COVID-19? Gerontology [Internet] 67(5):503–516. https://doi.org/10.1159/000517659
3. Evert J, Lawler E, Bogan H, Perls T (2003) Morbidity profiles of centenarians: survivors, delayers, and escapers. J Gerontol Ser A [Internet] 58(3):M232–M237. https://doi.org/10.1093/gerona/58.3.M232
4. Risch M, Nydegger U, Risch L (2017) SENIORLAB: a prospective observational study investigating laboratory parameters and their reference intervals in the elderly. Medicine (Baltimore) 96(1):e5726

# Mosaik des Alterns 7

*Cupidus Rerum Novarum*
*Nunc age, res quoniam docui non posse creari de nile, neque item genitas ad nil revocardi*
*Aus Nichts entsteht nichts und das Nichts lässt sich auch nicht mit Materie bereichern*

*(Lucretius: De Rerum Natura, I, 265–266)*

## 7.1 Vielfältige Seneszenz im selben Individuum

Lucretius hatte eine nahezu perfekte Integration der intellektuellen Unterscheidung und ästhetische Meisterschaft.

Stücke werden zusammengesetzt. Quintilian (Marcus Fabius Quintilianus) (35–95 n. Chr.) sagt: *Neque enim quanquam fusis omnibus membris statua sit, nisi collocetur, et si quam in corporibus nostris aliorumve animalium partem permutes et transferas, licet habeat eadem omnia, prodigium sit tamen* (Denn die Tatsache, dass alle Glieder einer Statue gegossen wurden, macht sie noch nicht zu einer Statue: Sie müssen zusammengesetzt werden; und wenn man einen Teil unseres Körpers oder den von einem Tiere mit einem anderen austauschen würde, obwohl der Körper alle gleichen Glieder wie zuvor hätte, hätte man dennoch ein Monster geschaffen; Buch VII, Pr 2-1 Institution Orgatoria). „In isolation, a puzzle peace means nothing. As soon as you have succeeded in fitting it into one of its neighbors, the piece disappears and ceases to exist as a piece. The two pieces so miraculously conjoined are henceforward one, which will, in turn, become a source of error, hesitation, dismay, and expectation. (In Isolation bedeutet ein Puzzleteil nichts. Sobald es gelingt, es in eines seiner Nachbarteile einzufügen, verschwindet das Teil und hört auf, als Teil zu existieren. Die beiden so wundersam verbundenen Teile sind fortan eins, das wiederum eine Quelle von Fehlern, Zögern, Bestürzung und

**Abb. 7.1** Mosaik mit dem Titel *Star of Blues*. Eng aneinander liegende, verschiedenfarbige, kleine Glasstücke und Perlen. Der menschliche Körper ähnelt einem Mosaik, in dem jeder Stein seinem eigenen Altern nachgeht. Stellen Sie sich die Unterschiede in Histologie und Stoffwechsel zwischen so unterschiedlichen Organen wie dem Gehirn und der Leber vor. Die Endothelzellen des Darms werden innerhalb von Stunden zerstört/erneuert – andere Zellen wie Hepatozyten und Gehirn- und Nervenzellen bleiben viel länger erhalten. (Copyright von Uschi Schwärzler, Mosaikkünstlerin)

Erwartung wird" [1]). Und wenn die Seneszenz ein Teil des Puzzles ist? In einem individuellen Mosaik (Abb. 7.1)?

Als U. Nydegger ein Kind war, führten ihn seine Eltern zu einem der größten Mosaike in der nördlichen Alpenregion, welche zwischen Yverdon-les-Bains und Orbe-Boscéaz, Schweiz, noch erhalten sind. Diese wurden in römischen Villen wohlhabender Bewohner etwa 170 Jahre nach der Geburt Jesu Christi angelegt und zeigen oft ländliche Motive; zu diesem Zeitpunkt konnte U. Nydegger es kaum erwarten, nach Ravenna (Italien) zu reisen, um dort die größten Mosaike der byzantinischen Herrscher zu bewundern, welche lokale Kirchen schmückten.

U. Nydegger begann, ein Mosaik zu verstehen, als er auf Quintilians *Institutio Oratoria* stieß, wo Quintilian erklärt, dass Division bedeutet, eine Gruppe von Dingen in ihre Teile zu teilen. Im Gegensatz dazu ist die Partition die Trennung eines individuellen Ganzen in seine Elemente, die Ordnung der korrekten Anordnung der Dinge; was folgt, steht im Einklang mit dem, was vorausgeht. Gleichzeitig ist die Anordnung die Verteilung von Gegenständen und Teilen auf die Plätze, die sie zweckmäßigerweise einnehmen sollten.

Aber wir müssen uns daran erinnern, dass die Anordnung im Allgemeinen von der Zweckmäßigkeit abhängt. Eine theoretische und praktische Implikation des „Mosaikalterns" ist am Werk:

## 7.1 Vielfältige Seneszenz im selben Individuum

1. Obwohl es relativ wenige Vermittler der Seneszenz geben mag, wie oxidativen Stress oder Telomerlänge, sind die Manifestationen dieser Phänomene dennoch organspezifisch stochastisch und lokal. Daher, selbst wenn ein einzelner molekularer Biomarker gefunden wird, der den Alterungsprozess antreibt, könnte dieser Katalysator nicht homogen in allen Körpersystemen operativ sein, und seine vielfältigen Effekte auf komplexe und unvorhersehbare Weise verteilen.
2. Aus diesem Grund sollte man, auch wenn wir einen bestimmten Treiber des Alterns identifizieren könnten, nicht unbedingt ein einheitliches Alterungsmuster in komplexen Organismen wie dem menschlichen Körper erwarten. Daher ist die Seneszenz kein einheitlicher Prozess, der in allen Teilen des Säugetierkörpers ähnlich fortschreitet, sondern beeinflusst die verschiedenen Systeme in unterschiedlichen Individuen auf unterschiedliche Weise. Aus diesem Grund führt trotz vielfältiger Anzeichen von Seneszenz im gesamten Körper das vorzeitige Versagen eines einzelnen Merkmals (der „schwächste Punkt") oft zu Gebrechlichkeit und Tod.

Die Suche nach den Faktoren, die die Alterung von Wirbeltieren regulieren, wird durch die Komplexität des Alterungsprozesses erschwert, dessen eine Manifestation die individuelle Variation ist. Dies ist ein Problem bei Menschen, die genetisch vielfältig sind und einer breiten Palette von Umwelteinflüssen ausgesetzt sind. Während wir oft von ‚Altern' als einheitlichem Phänomen sprechen, erlebt jeder eine zeitlich und räumlich einzigartige Konstellation von physischem und funktionalem Verfall in komplexen Organismen. Diese Heterogenität wurde als „differenzielles Altern" bezeichnet und wird hier als Mosaik bezeichnet, da diese Veränderungen verschiedene organische Komponenten zu unterschiedlichen Zeiten und Ausmaßen betreffen. Die Haut ist ein einzigartiger Stein im Mosaik des Alterns: Aktinische Keratose ist häufiger bei rothaarigen Individuen mit grünen Iriden.

In U. Nydeggers altem Kompendium der Anatomie von Andrew Fyfe (1752(4)–1824) (Edinburgh 1823, 8. Auflage), hauptsächlich für den Gebrauch von Studenten gedacht, beginnt der erste Band mit den Knochen, „the hardest, compact and inflexible parts of the body", (den härtesten, kompaktesten und unflexibelsten Teilen des Körpers), wie Fyfe es ausdrückt.

Die Verbundenheit lebender Systeme sagt voraus, dass Mosaikaltern eine breite Palette individueller Phänotypen hervorbringen wird, wobei die Knochen ein klassisches Beispiel für Seneszenz darstellen, d. h. Osteoporose. Ein weiteres robustes Beispiel für Mosaikaltern könnte bei Menopause/Andropause gesehen werden, d. h. Modelle der physiologischen Seneszenz, die in unterschiedlichen Altersstufen bei verschiedenen Individuen auftreten. Sie sind mit vielen Veränderungen in Hormonen und Verhalten verbunden, die mit dem Verlust von Ovarialfollikeln und der Testosteronproduktion zusammenhängen.

Im Jahr 1921 äußerte die Innovations- und Entdeckungsabteilung, wie in Scientific American festgehalten, eine Bemerkung zur Unsterblichkeit für Menschen:

„Ein geschickter Chirurg hat ein Stück Gewebe aus dem Herzen eines Embryo-Kükens mehr als acht Jahre lang durch künstliche Mittel außerhalb des Tieres am Leben erhalten. Das Bemerkenswerte daran ist, dass es keinen Zweifel gibt, dass es, wenn es richtig gepflegt wird, für immer weiterleben wird". In Verbindung mit der Arbeit anderer Wissenschaftler wird seine Bedeutung klar: Es gibt kein offensichtliches „Altern" in einzelnen Zellen. Während wir theoretisch unsterblich sind, sind wir es nicht, weil, wenn ein Teil des Körpers versagt, es zu einem Versagen in anderen abhängigen Teilen kommt und der gesamte Organismus zusammenbricht. Aber es scheint, dass wir jung und kräftig bleiben werden, solange wir einen Zusammenbruch eines Teils verhindern können. Vielleicht ist der Tag nicht mehr fern, an dem die meisten von uns vernünftigerweise mit hundert Jahre Leben rechnen können. Und wenn hundert, warum nicht länger? Wilhelm Hofmeister (1824–1877) wird für seinen Fokus auf den Generationswechsel in Pflanzen anerkannt, eine bahnbrechende Beobachtungshypothese, die unser modernes Verständnis des biologischen Lebenszyklus bildete.

Genauer gesagt beginnt ein Lebenszyklus mit der Geburt und endet mit der erfolgreichen Zeugung von Nachkommen. Nicht so für das moderne medizinische Verständnis, das den Verlauf der Stadien umfasst, durch die ein Organismus vom befruchteten Zygoten bis zur Reife, Fortpflanzung und, im weiteren Sinne, bis zum Tod geht. Geriatrie, d. h. geriatrische Medizin, ist dann nichts anderes als die Einbeziehung der unzähligen medizinischen Fachgebiete zur Pflege älterer Menschen. Um mit Definitionen fortzufahren, verwenden Geriatrie und Gerontologie oft *mutatis mutandis*. Dennoch ist letztere weniger medizinisch und allgemeiner – umfasst Krankenhaus- und häusliche Pflege sowie die Biologie der Seneszenz als Ganzes.

Die alten Griechen hatten bereits ein Wort für die unsichtbaren Bausteine, unteilbar klein in der Größe, unvorstellbar zahlreich, Dinge, die nicht weiter geteilt werden konnten: Atome. In ständiger Bewegung kollidieren Atome, bewegen sich gemäß dem, was später als Brownsche Bewegung erkannt wurde, und bilden immer größere Körper. Die größten beobachtbaren Körper – die Sonne und der Mond, bestehen aus Atomen, ebenso wie Menschen und Wasserfliegen und Sandkörner, wie es uns Stephen Greenblatt (*1943) darlegt [2]. Mit Mosaik müssen wir den vielfältigen Fortschritt des Alterns und der Seneszenz in Pflanzen, Tieren und Menschen verstehen. Dies geschieht auf verschiedenen Ebenen:

i. Individuen derselben Spezies können Seneszenz und/oder Altern in unterschiedlichen Intervallen nach der Geburt durchlaufen.
ii. Verschiedene Organe eines Individuums verfallen mit unterschiedlichen Geschwindigkeiten.
iii. (i) und (ii) können wie in (Abb. 7.2) skizziert werden.

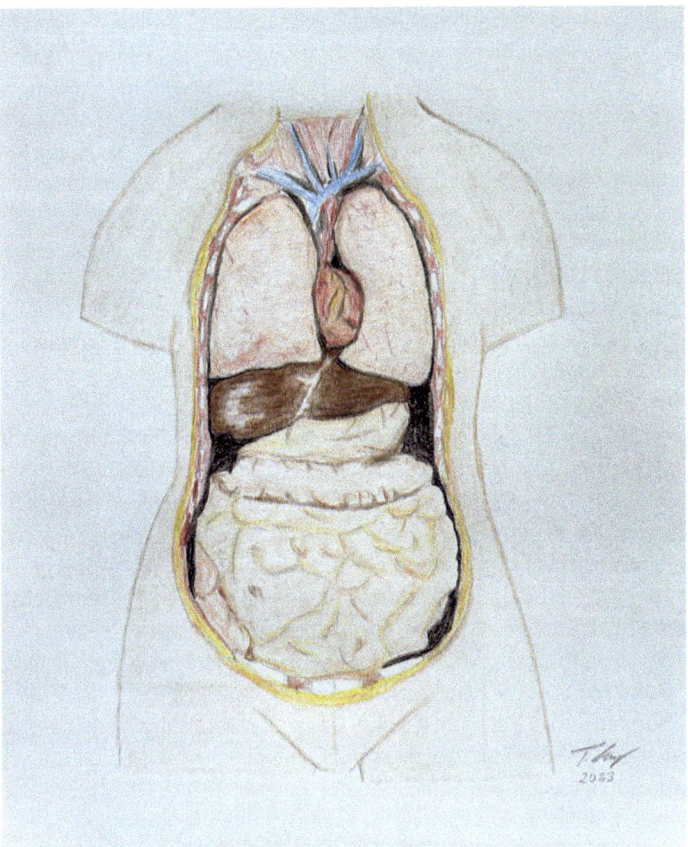

**Abb. 7.2** Jedes Organ, das einen menschlichen Körper bildet, weist sein eigenes Altern auf. Die Belastung jedes Organs durch Stress, Abnutzung und Verschleiß unterscheidet sich zwischen den Organen. Der Darm arbeitet ununterbrochen und steht unter neurologischer Kontrolle des Nervus vagus, eines autochthonen Nervs, den wir nicht kontrollieren. Das parasympathische Nervensystem ist ein Teil des Nervensystems, das hauptsächlich viszerale Organe wie Darm und Drüsen moduliert. Das parasympathische System ist eines von zwei antagonistischen Nervensystemen des autonomen Nervensystems. In dieser Skizze von Th. Lung sind der Nervus vagus, das reichhaltige abdominale Lymphsystem und der Harnapparat nicht dargestellt

## 7.2 Reparatur/Verjüngung von seneszenten/alternden Organen

Die Seneszenz ist in Organen ebenso allgegenwärtig wie in Geweben und ebnet den Weg für die Entfernung eines erkrankten Organs. Selbst ein einzelnes Organ kann unterschiedlichen Mustern der Seneszenz folgen. Bei Pflanzen können Blätter als Teil der fortschreitenden Seneszenz altern, wobei ältere Blätter altern, während neue Blätter produziert werden. Bei Tieren geht dem Hautabwurf eine Oberflächenabnutzung voraus, die wir unter Altern subsumieren, wobei die Schicht durch zusätzliche verhornte Schichten aus der darunterliegenden Epidermis ersetzt wird. Die äußere verhornte Epidermis wird bei Eidechsen und Schlangen in Intervallen abgeworfen, bei letzteren zwei- bis sechsmal im Jahr. Die Produktion einer neuen Cuticula unter der älteren bedeutet Reparatur. Das Rasseln von Klapperschlangen resultiert aus der Beibehaltung der schwereren verhornten Bedeckung am Ende des Schwanzes bei aufeinanderfolgenden Häutungen.

Die Genome-Wide Disease Association (GWDA)-Studien, bei denen Seneszenz als Krankheit in IT-Suchmaschinen erfasst wurde, zeigen 16 verschiedene Loci, die mit dem Alter assoziiert sind.

Schreiben und Lesen über Seneszenz erfordert semantische Einstimmigkeit zwischen Seneszenz und Altern. Leopold hat es richtig formuliert, als er Seneszenz als endogen kontrollierte degenerative Prozesse bezeichnete, die zum Tod führen [3]. Gleichzeitig würde Altern eine breite Palette passiver oder nicht regulierter, degenerativer Prozesse umfassen, die hauptsächlich durch exogene Faktoren getrieben werden. Solche passive Degeneration, als „Altern" bezeichnet, ist eine Folge von Abnutzungserscheinungen, die sich im Laufe der Zeit ansammeln und zur Mosaik-Allegorie beitragen. Da die biochemische Natur und die Genomik von Seneszenz und Altern nicht vollständig geklärt sind, ist es verfrüht, eine tiefere Definition dieser Prozesse zu versuchen oder eine Grenze zwischen ihnen zu ziehen.

Zumindest kann man sagen, dass der Verlust der Lebensfähigkeit in gelagerten Samen ein klarer Fall von Altern ist. Im Gegensatz dazu sind das Verwelken von Blütenblättern nach der Bestäubung und der postreproduktive Tod von monokarpen Pflanzen die Auswirkungen der Seneszenz [4]. Die Angst vor dem Tod ist die Ursache vieler unserer Laster; die Seele, wie der Fuß, ist Teil des Körpers – Körper und Seele sind untrennbar verbunden; die Jesuiten lehnen die Atomtheorie ab.

Wenn verschiedene Stadien seneszenter Organe auf demselben Individuum koexistieren, werden wir das resultierende Bild als Mosaik durch ein gegebenes Zeitfenster wahrnehmen.

Die Anerkennung eines Mosaiks differenzieller Seneszenz an verschiedenen Körperstellen wird Versuche, Schäden zu reparieren, anstatt die Dynamik der Seneszenz zu verlangsamen, effizienter machen. Der Organismus in seiner Vielfalt als Beispiel – Sanduhr: die Haut altert schneller als die Leber oder das Gehirn – altern sie bei jedem von uns mit der gleichen Geschwindigkeit? (Abb. 7.3). Die Autoren richteten kürzlich ihr Interesse auf die Leber, ein Organ, das für sich genommen wie ein Mosaik aus Hepatozyten, Galle produzierenden Zellen, Fettgewebe und Fibrozyten aussieht (Abb. 7.4).

Die Gelenke stehen nicht im Einklang mit der Bauchspeicheldrüse, und die Augen (Katarakt, Makuladegeneration) altern anders als die Haut oder das Gehirn (Alzheimer-Krankheit).

Das Gehirn ist ein komplexes Organ aus hochaktiver Materie. Derzeit wird die Hoffnung geweckt, dass die Entwicklung grundlegender computerunterstützter Hardware zu einem mechanistischen Verständnis der Schaltkreise des Gehirns führen wird. Aber lassen Sie uns mit einer modernen Erforschung des Gehirns begin-

## 7.2 Reparatur/Verjüngung von seneszenten/alternden Organen

**Abb. 7.3** Menschliche Organe mit ihrer Sanduhr. Der menschliche Körper enthält mehrere Wecker, die auf dieser Abbildung für relevante Organe symbolisiert sind. Der schnellste klingelt zuerst, und das Altern des gesamten Organismus treibt die Gebrechlichkeit voran. In Anerkennung eines solchen Systems können Geriater und Betreuer die Behandlung und geroprotektive Maßnahmen entsprechend fokussieren. (gezeichnet von A. Hemmerle)

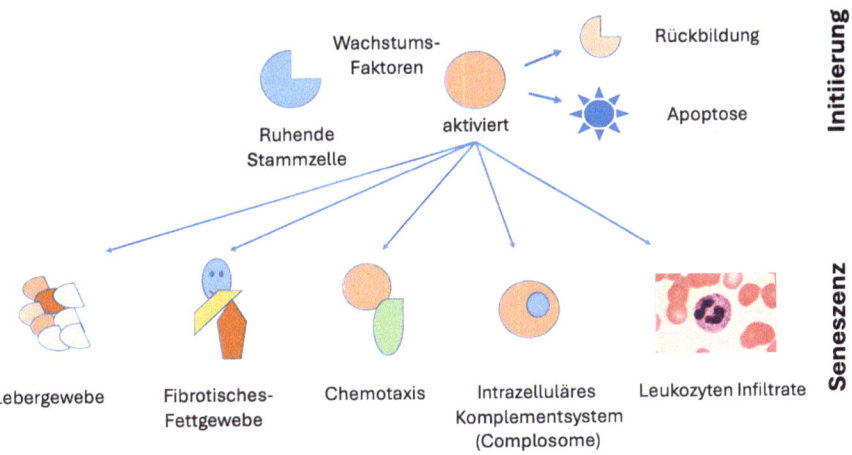

**Abb. 7.4** Verschiedene Organe altern mit unterschiedlichem Rhythmus – Beispiel: Leber. Wie am Beispiel der Leber zu sehen ist, ist eine ganze Reihe von zytologischen und gewebespezifischen Altersveränderungen möglich. Die Fettleber, die fibrotische Leber, die Leber, die sich gegen Infektionen verteidigt (Chemotaxis), das intrazelluläre Komplementsystem (Complosome) oder die Leukozyteninfiltrate – entweder als einzelne Ereignisse oder in einer Reihe nacheinander

nen: [5]. Das Jahr 1873 ist der Moment, als Camillo Golgi (1843–1926) in seiner Wohnung in der Nähe von Mailand (Italien) eine neue Technik entwickelte, um histologische Dünnschnitte zu färben, die die Neuroanatomie revolutionierte: Selbst ein Laie erkennt im Mikroskop die Schönheit des Gehirngewebes, das sich in glatten und dünnen oder dornigen und dicken schwarzen Filamenten zurückzieht, wie Santiago Ramon Cajal (1852–1934) erinnerte. Er war der erste, der die vielen verschiedenen Zelltypen im Säugetiergehirn zeigte. Er färbte Neuronen, um sie unter seinem Mikroskop zu sehen, und fertigte dann präzise und schöne Zeichnungen ihrer Formen an. Unter den wenigen Dutzend Typen, die Cajal fand, hatten einige Verlängerungen – oder Axone –, die sich wie Spinnenbeine über lange Distanzen aus den Zellkörpern erstreckten. Einige hatten kurze Axone; andere sahen mehr wie Sterne aus. Er schloss daraus, dass die Axone jeder Zelle sehr nahe an den Zellkörpern der anderen Zellen liegen und daher wahrscheinlich die Informationen übertragen (Nobelpreis für Physiologie und Medizin, gemeinsam mit Camillo Golgi, 1906). Diese Strukturen erinnerten an Cajals Designs in chinesischer Tinte auf japanischem Papier (Abb. 7.5), wie sie in einem chinesischen Faszikel erscheinen, den U. Nydegger von einer seiner Reisen durch China mitbrachte, ein sogenannter Bodhisattva.

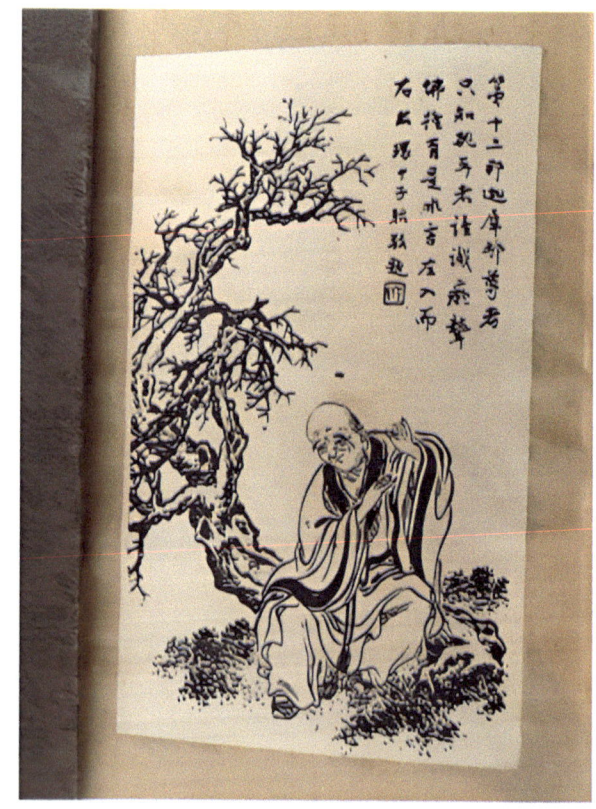

**Abb. 7.5** Tauber Buddha. Der zwölfte Ehrwürdige Sakyamuni: diejenigen, die nur den Ohrreiniger kennen, kennen den tauben Buddha, obwohl es richtige und falsche Worte gibt, gehen sie links hinein und rechts hinaus (ein alter chinesischer Text über Buddha, der seine Ohren reinigt …, Passanten, die ihn nicht kennen, beurteilen ihn als taub und stumm, aber er ignoriert sie weiterhin und lässt die Gerüchte in ein Ohr hinein und aus dem anderen hinausgehen). Mit freundlicher Genehmigung: Janice Fuhrer

## 7.2 Reparatur/Verjüngung von seneszenten/alternden Organen

Das älteste gedruckte Buch, eine Kopie des Diamant-Sutro (Tang-Epoche), entdeckt in Dunhuang, jetzt im British Museum (London, UK) ausgestellt, kann bildlich betrachtet als „Histologie des Gehirns" interpretiert werden. Cajal erklärte, dass das höchste Ideal eines Biologen darin besteht, das Rätsel des Selbst und die Struktur der Neuronen zu klären, da er glaubte, das eigentliche Bewusstsein und sich selbst gefunden zu haben. Er bezog sich auf das Design von Neuronen, deren Geburt, Wachstum, Rückgang (Seneszenz vorwärts, aber nicht rückwärts) und Tod, welches er mit Hingabe und Mitgefühl studierte, als wären sie Bestandteile von Menschen: die geheimnisvollen Schmetterlinge der Seele. Kaum überraschend, dass die strukturelle Komplexität des Nervensystems allmählich besser verstanden wird. Das Nervensystem wurde durch seine Beteiligung an der Embryologie gründlich erforscht, weil Axone wachsen und Myelinscheiden entwickeln – isolierende Schichten aus Fett und Proteinen. Tatsächlich kann sich das Nervensystem verändern, und diese Fähigkeit ist entscheidend für das Überleben des Organismus.

Den genauen Aufbau unseres Gehirns zu erforschen, wird weiter schwierig bleiben. Das genaue Gerüst der Gesamtheit von Gehirnzellen und ihre Vernetzungen wird sicher noch einige Zeit ein Geheimnis bleiben. Obwohl es heutzutage fast nichts mehr gibt, was wir nicht wissen, wie die Dinge funktionieren, vielleicht die Quantenphysik? Ein Trost für unsere Unwissenheit liegt darin, dass wir wissen, dass große Kollektive beginnen, sich anders zu verhalten als ihre einzelnen Komponenten. Um es mit Stephen Hawking (1942–2018) zu sagen: Das einzelne Neuron lässt kaum auf das menschliche Gehirn schließen, ähnlich wie das Wissen über ein Wassermolekül uns wenig über das Verhalten eines Sees sagt. Dies betrifft das Gehirn – von kleinen Labortieren bis hin zur Evolution des Menschen-Gehirns. An der École Polytechnique Fédérale de Lausanne (EPFL), Lausanne, Schweiz, verfolgen wir das Blue Brain Project. Das anfängliche Ziel des Projekts, das im Dezember 2006 abgeschlossen wurde, war die Schaffung einer simulierten neokortikalen „Säule" einer Ratte, die von einigen Forschern als die kleinste funktionelle Einheit des Neokortex angesehen wird. Es wird angenommen, dass sie für höhere Funktionen wie das bewusste Denken verantwortlich ist. Beim Menschen ist jede Säule etwa 2 mm lang, hat einen Durchmesser von 0,5 mm (0,020 Zoll) und enthält ungefähr 60.000 Neuronen. Neokortikale Säulen von Ratten sind in ihrer Struktur sehr ähnlich, enthalten jedoch nur 10.000 Neuronen und 108 Synapsen. Zwischen 1995 und 2005 wurden die Arten von Neuronen und ihre Verbindungen in einer solchen Säule kartiert. Die erste künstliche zelluläre neokortikale Säule mit 10.000 Zellen wurde 2008 gebaut. Ein zelluläres Rattengehirn war geplant und enthielt 100 Mikroschaltkreise mit insgesamt hundert Millionen Zellen – ein Mosaik an sich. Ein zelluläres menschliches Gehirn, das ca. 1000 Rattengehirnen entspricht und insgesamt hundert Milliarden Zellen umfasst, wurde bis 2023 als möglich vorhergesagt. Ein sich entwickelndes Gehirn mit Einzelzell-Multi-Omik-Profilierung menschlicher zerebraler Organoide stellt ein Modell dar, um die Gehirnentwicklung zu erforschen. Dies kann durch Einzelzell-Transkriptom- und Epigenom-Daten erreicht werden, die ein genregulatorisches Netzwerk aufbauen, die Rolle von Transkriptionsfaktoren bei der Bestimmung des Zellschicksals bewerten und dann computerunterstützte (Künstliche Intelligenz) Einzelzell-CRISPR-Störungen interpretieren.

Im Jahr 2015 entwickelte die EPFL ein quantitatives Modell der zuvor unbekannten Beziehung zwischen den Gliazellen Astrozyten und Neuronen. Einige Schulen betrachten Astrozyten als Immunzellen des Gehirns. Dieses Modell beschreibt das Energiemanagement des Gehirns durch die Funktion der neuroglialen vaskulären Einheiten (NGV). Im Jahr 2017 entdeckte das Blue Brain Project, dass Netzwerkspeichercodes im Hippocampus in mehr als einer Dimension miteinander verbunden sind. Der Projektleiter schlug vor, dass die Schwierigkeit, das Gehirn zu verstehen, teilweise darin liegt, dass die Mathematik, die normalerweise zur Untersuchung von Netzwerken angewendet wird, nicht in der Lage ist, so viele Dimensionen zu erkennen. Das Blue Brain Project konnte diese Netzwerke mithilfe der algebraischen Topologie modellieren.

Im Jahr 2018 veröffentlichte das Blue Brain Project seinen ersten digitalen 3D-Gehirnzellenatlas, der Informationen über die Hauptzelltypen, deren Anzahl und Positionen in über 700 zerebralen Regionen liefert.

Im Jahr 2019 sagte Idan Segev (Hebräische Universität, Jerusalem, Israel), einer der computergestützten Neurowissenschaftler (Computational Neuroscience), die am Blue Brain Project arbeiten: „Brain in the computer: what did I learn from simulating the brain ..", (Gehirn im Computer: Was habe ich aus der Simulation des Gehirns gelernt ..). In seinen Worten erwähnt er, dass der gesamte Kortex des Mausgehirns vollständig war und bald virtuelle EEG-Experimente beginnen würden. Er bemerkte auch, dass das Modell zu schwer für die Supercomputer geworden war, die sie zu jener Zeit verwendeten, und dass sie Methoden erforschten, bei denen jedes Neuron als neuronales Netzwerk dargestellt werden könnte.

Zerebrovaskuläre Erkrankungen sind die dritthäufigste Todesursache in entwickelten Ländern. Unser Verständnis der Zellen, die die zerebrale Vaskulatur bilden, ist begrenzt. Kürzlich hat die vaskuläre Einzelzell-Transkriptomik molekulare Definitionen für die Haupttypen von Blutgefäß- und gefäßassoziierten Zellen im erwachsenen Mausgehirn geliefert. Allmähliche phänotypische Veränderungen (Zonierung) entlang der arteriovenösen Achse offenbaren unerwartete Unterschiede in den Zelltypen. Ein nahtloses Kontinuum von Endothelzellen im Gegensatz zu einem unterbrochenen Kontinuum für murale Zellen wurde offensichtlich (Ref. [6], Vanlandewijck et al. 2010).

Ein gesundes Gehirn ist die Grundlage für ein produktives menschliches Leben. Umwelt-, soziale, berufliche und Lebensstilfaktoren beeinflussen die Gehirngesundheit. Es wird jedoch eine erhebliche Variabilität zwischen älteren Personen deutlich – diejenigen, die noch hellwach sind, und diejenigen, bei denen „die Lichter langsam ausgehen". Klinische Berichte und experimentelle Daten in Tiermodellen des Alterns haben gezeigt, dass altersbedingte Gedächtnisdefizite weitgehend identisch mit denen sind, die durch Schäden am Hippocampus verursacht werden. Diese Gehirnregion hat viel mit unserem Gedächtnis zu tun.

Die funktionellen Eigenschaften der neuronalen Netzwerke des Hippocampus sind besonders im Alter verändert. Während passive Membraneigenschaften von Neuronen mit dem Alter erhalten bleiben, wird die neuronale Erregbarkeit in Übereinstimmung mit der schwächeren Leistung älterer Probanden bei Gedächtnisaufgaben modifiziert. Die synaptische Übertragung innerhalb hippocampaler Netzwerke nimmt auch im Alter des Gehirns ab. Defizite betreffen sowohl glutamaterge als auch cholinerge Bahnen, die die zentralen exzitatorischen Neurotransmittersysteme darstellen, die für die neuronale Kommunikation im Hippocampus verantwortlich sind, einer Gehirnregion, die viel mit der Memorierung zu tun hat. Lernen und Gedächtnis sind miteinander verbunden und stehen auch im Alter in Korrelation mit kognitiven Beeinträchtigungen. Neuronale Eigenschaften und synaptische Plastizität hängen von Ionenaustauschen zwischen intra- und extrazellulären Kompartimenten ab. Veränderungen in der Ionenregulation mit den Jahren der Seneszenz können die funktionellen Eigenschaften neuronaler Netzwerke verändern. Die Dysregulation von Kalzium wurde in der Gehirnseneszenz umfassend untersucht, aber die Rolle von Magnesium hat weniger Aufmerksamkeit erhalten, obwohl das Altern einen Risikofaktor für Magnesiummangel darstellt. Eine der allgemeinen Eigenschaften von Magnesium an präsynaptischen Faserendigungen ist die Reduzierung der Transmitterfreisetzung. Auf der postsynaptischen Ebene kontrolliert es eng die Aktivierung des N-Methyl-D-Aspartat-Rezeptors, eines Subtyps des Glutamatrezeptors, der für die Expression langfristiger Veränderungen in der synaptischen Übertragung entscheidend ist. Magnesium ist auch ein Kofaktor vieler Enzyme, die in Neuronen oder Gliazellen aktiv sind und neuronale Eigenschaften und synaptische Plastizität kontrollieren, wie Proteinkinase C, Calcium/Calmodulin-abhängige Proteinkinase II und Serin-Racemase.

Daher würde eine Veränderung der Magnesiumkonzentration wahrscheinlich die synaptischen Funktionen im gealterten Hippocampus beeinträchtigen. Experimente, die diese Frage adressieren, sind noch zu selten, aber neuere Daten deuten darauf hin, dass Magnesium an altersbedingten Defiziten bei der Transmitterfreisetzung, der neuronalen Erregbarkeit und einigen Formen der synaptischen Plastizität, wie der langfristigen Depression der synaptischen Übertragung, beteiligt ist. Die ideale Strategie, um seneszente Prozesse im Gehirn zu verlangsamen, wird nur gefunden, wenn ganzheitliche Programme, einschließlich Schachspielen oder Briefmarkensammeln, das Gedächtnis beschäftigen. In jüngerer Zeit können sensorische Wahrnehmungen auf sehr kurzen Zeitskalen (Millisekunden bis Sekunden) angesprochen werden und die Art, wie das Individuum diese in Entscheidungen umwandelt. Entscheiden Sie, ob Sie die Straße überqueren können, bevor das nächste Auto kommt; für die meisten von uns geschieht diese Entscheidung unbewusst unter Verwendung verschiedener Informationsquellen, die empfänglich für seneszente computergestützte Neurowissenschaften sind.

## 7.3 Das alternde Gedächtnis und wie man Gedächtnis misst

Versuche, das Gedächtnis zu messen, gehen auf Aristoteles (384 – 322 v. Chr.) zurück, aber die moderne Zeit hat noch keine schlüssigen Messungen erreicht. So hat jede Schule ihre eigenen Tests, die Introspektion aufdecken, d. h. die Fähigkeit, die laufenden Gedanken zu reflektieren und zu berichten, die jedoch aus zwei Hauptgründen ein unzuverlässiger Hinweis auf die Arbeitsweise unseres Geistes ist: (1) Patienten unterscheiden sich in dem, was sie zu erleben scheinen, und (2) man ist sich nur eines begrenzten Teils der Mechanismen, die dem psychischen Leben zugrunde liegen, bewusst. Die Spitze des mentalen Eisbergs, die dem Bewusstsein zur Verfügung steht, ist kein guter Anhaltspunkt für die Darstellung dessen, was sich darunter verbirgt. Man muss also experimentelle Situationen vereinfachen – experimentelle Situationen, die keine Bedeutung haben, aber verbal erlernt und berichtet werden können, indem man das erfindet, was als Nicht-Sinn-Silbe bekannt geworden ist: Konsonant-Vokal-Konsonant-Kombinationen wie Zug, Pol oder Mel. Die Ergebnisse können dann als Assoziationen interpretiert werden, von denen angenommen wird, dass sie zwischen Stimuli und Reaktionen gebildet werden. Eine weitere Testmöglichkeit besteht darin, dem Patienten eine Kurzgeschichte vorzulesen, dann einen Moment zu warten, die erste Hälfte der Geschichte erneut zu lesen und den Patienten sie vervollständigen zu lassen: Werte Lesende, erinnern Sie sich?

Das Gedächtnis mit dem Gedächtnis des Nachbarn zu vergleichen, ist schwierig, aber es ist der einzige Weg, um zu vergleichen. Es gibt auch Hinweise darauf, dass wir Gedächtnislücken im Alter nicht melden. Beschwerden über das Gedächtnis der Älteren können sich eher auf Depressionen als auf Wissensverlust beziehen. Gute, reproduzierbare Tests sind notwendig, um Gedächtnisversagen zu bewerten, insbesondere weil beeinträchtigtes Gedächtnis einer der frühesten und stärksten Prädiktoren für den Beginn der Alzheimer-Krankheit ist, dieses allmähliche Altersproblem, das in den westlichen Bevölkerungen wahrgenommen wird. Eine der üblichen Methoden, um die altersbedingte Veränderung des Gedächtnisses zu untersuchen, sind longitudinale Ansätze, bei denen eine Kohorte von Probanden, die die gesamte Bandbreite der Bevölkerung repräsentieren soll, alle 5 Jahre mit denselben Tests geprüft werden. Der eher milde Gedächtnisverlust wird eindrucksvoll in Ian McEvans (*1948) Roman *Saturday* [7] beschrieben, in dem die Mutter des Neurochirurgen Perowne nicht mehr die Fähigkeit besitzt, seine Ankunft zu erwarten, ihn zu erkennen, wenn er bei ihr ist, oder sich an ihn zu erinnern, wenn er gegangen ist. Es ist ein leerer Besuch. Sie erwartet ihn nicht und wäre nicht enttäuscht, wenn er nicht auftauchen würde. Es ist, als würde man Blumen ans Grab bringen – das eigentliche Geschäft ist mit der Vergangenheit. (…). Obwohl sie seinem Gesicht keinen Namen zuordnen kann, ist sie zufrieden, dass er dort sitzt und ihr Geschwafel anhört. Sie ist mit jedem zufrieden (Zitat beendet).

Kohorten von Patienten haben den Vorteil, dass der Effekt des Alters auf die Leistung jedes Teilnehmers geschätzt werden kann, was es anschließend ermöglicht, die Person zu identifizieren, die schließlich Alzheimer entwickelt (von dem wir bereits gesehen haben, dass das ApoE4 ein Risikofaktor ist). Eine Umkehrung des kognitiven Rückgangs und der Stille an der Schwelle zu Alzheimer ist derzeit das Bestreben vieler Forschungsgruppen weltweit (Abb. 7.6) [8].

Demenz ist kein Verdummen, sondern eine feenhafte Stille.

Die Ablagerung von β-Amyloid-Vorläuferprotein und phosphoryliertem Tau-Protein wurde lange Zeit als endgültiger, irreversibler Schaden für unser Gedächtnis angesehen. Aber in jüngerer Zeit haben kalifornische Neurologen auch leichte kognitive Beeinträchtigungen als metabolische Verstärkung bei Neurodegeneration (MEND, metabolic enhancement for neurodegeneration) wahrgenommen. Wenn dies wahr wäre, würden selbst ApoE4-Träger vom MEND-Therapieprogramm pro-

**Abb. 7.6** Alzheimer-Patient in Träumerei verloren. Dieser *Homme aux Champignons*, der Titel, den ihm sein Künstler, der Schweizer Maler Samuel Buri (*1935), gegeben hat, zeigt einen transzendenten menschlichen Oberkörper und einen Kopf, der einem Pilz ähnelt, den wir hier aus der Sicht desorientierter Patienten mit Alzheimer-Krankheit betrachten. (Serigrafie 1/9, Eigentum von U. Nydegger)

fitieren, das 2014 beschrieben wurde und etwa 25 Maßnahmen umfasst, um ein Gleichgewicht des Stoffwechsels zu halten [9]. Darunter finden wir so unterschiedliche Dinge wie die Einnahme von Vitamin B12 und Yoga-Sitzungen – wir denken, dass zumindest etablierte Alzheimer-Patienten weiterhin auf gezielte Behandlungen warten. Das MEND-Programm umfasst etwa 25 Maßnahmen zur Aufrechterhaltung eines metabolischen Gleichgewichts, hat jedoch bisher keine weltweite Anerkennung erhalten; es ist ein „Alles oder Nichts"-Programm ohne übermäßiges gesundes Leben. Aber: Wir sind beeindruckt und im Lichte der Tatsache, dass die Medizin eine ungenaue Wissenschaft bleibt, bleiben diagnostische und, in gewissem Maße, therapeutische Überlegungen ein komplexer iterativer Prozess. Dies muss die Autoren geleitet haben, die darauf bestanden, die Diagnose kognitiver Beeinträchtigungen zu vertiefen. Es muss so sein, denken wir, was die Redaktion des renommierten New England Journal of Medicine (NEJM) dazu veranlasste, eine neue Titelserie NEJM Healer (https://healer.nejm.org/) zu starten – eine Bezeichnung, die wir interpretieren, um klinisches Denken auf einem Niveau zu reflektieren und einzubeziehen, das Top-Wissenschaftler als ungenau qualifizieren würden. Die Werbetexte sagen, „klinisches Denken ist schwer zu bewerten" – wenn dies im Zeitalter der Künstlichen Intelligenz wahr bleibt, müssen wir dem Team um Dale E. E. Bredesen, eBook-Autor und voll motiviert, die kognitive Beeinträchtigung des Alters zu bekämpfen, volle Anerkennung geben, es sei denn, man wird Opfer eines relativ häufig auftretenden Widerspruchs zwischen den Motiven des Forschers und des Verlegers – Texte als Marktplatzwaren oder Gesten selbstloser Dienstleistungen.

Um diese kritischen Kommentare abzuschließen, lassen Sie uns sehen, was die Bostoner schreiben: „NEJM hat Neurowissenschaften und Informatik für die effektivste Art und Weise, (Medizin) zu studieren, zusammengeführt".

Kohortenstudien involvieren Teilnehmer von Menschen, die in verschiedenen Zeiträumen geboren wurden, um sich aufgrund historischer Veränderungen in Ernährung, Bildung und anderen sozialen Abhängigkeiten zu unterscheiden. Der Vergleich dieser Testgruppen im Laufe der Zeit wird ein Maß für etwaige Kohorteneffekte liefern, während der Vergleich mit der relevanten Längsschnitt-Altersgruppe Lerneffekte anzeigen wird. Bildungsjahre sind unabhängig vom Alter mit Gedächtnisleistung verbunden. Die Komplexität des Gedächtnisses wird deutlich, wenn wir erkennen, dass, wenn Sie gebeten werden, sich an eine lange Telefonnummer zu erinnern, Ihr Fehlermuster je nachdem, ob die Nummer gehört oder gelesen wurde, unterschiedlich ist. Implizites Gedächtnis bezieht sich auf Situationen, in denen eine Form des Lernens stattgefunden hat, die sich jedoch in aktiver Leistung anstatt in offenem Erinnern widerspiegelt. Ein Rennrad, ein E-Bike oder einen dieser neuen Elektroscooter zu fahren, sind unterschiedliche Bewegungen, oder die Handschrift eines Freundes zu lesen, kann einfach sein, weil wir in der Vergangenheit häufig auf den Bewegungs-/Schreibstil gestoßen sind. Als John Steinbeck (1902–1968) seinen letzten Roman, *The Winter of Our Discontent*, fertigstellte, brauchte er dringend eine Verjüngung. Seine Frau sagte: Diese Reise durch Amerika war einfach etwas, das John tun musste. Und er wollte allein gehen. Er wollte beweisen, dass er kein alter Mann war, dass er die Kontrolle über sein Leben übernehmen, sich selbst fahren und Dinge wieder lernen konnte – ein Kampf gegen das Alter. In *Travels with Charley* nimmt er an, dass „eine Art zweite Kindheit auf so viele Männer fällt. Sie tauschen ihre Männlichkeit gegen das Versprechen einer kleinen Verlängerung der Lebensspanne ein. Tatsächlich wird das Oberhaupt des Hauses zum jüngsten Kind". Dies lässt den physiologischen Experten das Langzeitgedächtnis vom expliziten/deklarativen und impliziten/nicht-deklarativen Gedächtnis unterscheiden. Ganz interessant ist die Einladung von Softwareunternehmen, wenn es darum geht, die Nutzung einer Anwendung zu lernen, kurz: „eine App": Häufig verwendete Begriffe sind „einfach" und „schnell" und „Lesezeit: 3 min". Ältere Probanden, obwohl sie es nicht eilig haben, die einwilligen, sagen Ihnen, dass das Verständnis des Software-Algorithmus ihnen eine solidere und anhaltendere App-Nutzung bringt. Um dies zu erreichen, benötigen wir erhaltene Formen des Lernens wie einfaches klassisches Konditionieren. Warrington & Weisskranz (1968) beobachteten, dass das Wortlernen bei amnestischen Patienten erhalten blieb, wenn sie ihnen eine Liste von nicht zusammenhängenden Wörtern präsentierten und sie dann baten, die Wörter in einer anderen Reihenfolge zu erinnern. Wenn man dem Patienten die ersten Buch-

## 7.3 Das alternde Gedächtnis und wie man Gedächtnis misst

staben der präsentierten Wörter nannte, erinnerte er sich an das gesamte Wort. In den letzten Jahren hat sich die Entwicklung von Methoden, die es dem Neurowissenschaftler ermöglichen, den Gedächtnisvorgang des Gehirns bei gesunden Probanden in Ruhe und bei der Durchführung komplexer Aktivitäten, einschließlich derjenigen, die mit Lernen und Erinnern verbunden sind, zu erfassen, schnell erweitert. Wenn wir wieder einmal lernen, eine Software wie Word oder Excel zu benutzen, müssen wir uns oft an die ersten Schritte der Anwendung erinnern. Glücklicherweise lässt uns dann das Lernen in diesem Bereich die Absichten in kürzeren Zeitabständen vollenden (siehe Kap. 1). Lassen Sie uns das episodische Gedächtnis, die mentale Zeitreise von Charley, vom tiefen gespeicherten Gedächtnis, dem sogenannten semantischen Gedächtnis, unterscheiden.

Alterung und Gehirnalterung sind mit einem Rückgang der kognitiven Leistung und Veränderungen der Gehirnaktivität verbunden, gemessen durch funktionelle Neuroimaging-Verfahren. Die sensorischen Regionen im Okzipitallappen sind mit Veränderungen in höheren assoziativen Bereichen im Frontallappen und Hippocampus gekoppelt. Die Ortszellen, eine Zellpopulation im Hippocampus, repräsentieren unseren Standort im Raum und steuern die zukünftige Navigation. Lebensstil, strukturelle Hirnveränderungen und Neurotransmission sind die am häufigsten gefundenen Einflussfaktoren für den Verfall, und der relativ gut erforschte Verlust der Integrität der weißen Substanz trägt zur Vermittlung von Krankheitsbildern bei (Ref. [10] Salami et al. 2012).

Trotz all der oben genannten funktionalen Merkmale bleibt das Funktionieren des Gehirns ein Rätsel; es bleibt eines, wenn man den langsamen Fortschritt des Blue Brain Projekts (BBP) betrachtet, das 2005 mit einem IBM-Supercomputer auf dem Campus der EPFL begann. Als ob wir Menschen glauben würden, dass die Rätsel der Natur mithilfe von Computern gelöst werden können, wird einige Jahre später das „in silico"-Experiment mit der doppelten Anzahl von Prozessoren dazu beitragen, eine neokortikale Mikroschaltung zu imitieren, die es erlaubt, virtuelles Gehirngewebe zu generieren.

Das menschliche Gehirn als Grundlage für Kognition ist am weitesten entwickelt bei Menschen, so denken wir. Da Gehirne aus Neuronen bestehen, scheint es vernünftig zu erwarten, dass größere Gehirne aus einer größeren Anzahl von Neuronen bestehen. Daraus folgt, dass die Recheneinheiten des Gehirns, die aus einer größeren Anzahl von Neuronen bestehen, umfangreichere Rechenfähigkeiten haben sollten als kleinere Gehirne. Das Gehirn von Albert Einstein (1879–1955) wurde postmortem analysiert und wog einige Gramm mehr im Vergleich zu einer großen Anzahl männlicher Gehirne. Wir sind so überzeugt von unserer Vormachtstellung in der Natur, dass wir diese explizit sogar im Namen, den Linnaeus der Säugetierordnung, zu der wir gehören gab – Primata, was „erster Rang" bedeutet, tragen. So wie es aussieht sind wir scheinbar die einzige „Tierart", die sich mit der Entwicklung ganzer Forschungsprogramme zur Untersuchung ihrer selbst beschäftigt. Das menschliche Gehirn hat 100 Mrd. Neuronen und 10- bis 50-mal mehr Gliazellen und ist mit einem überentwickelten zerebralen Kortex ausgestattet, dem größten im Vergleich zur Gehirngröße. Einige nutzen dies, um die überlegenen kognitiven Fähigkeiten der Menschen gegenüber Säugetieren mit noch größeren Gehirnen zu erklären. Gehirne verbrauchen 20 % des gesamten Energiebedarfs des Körpers, obwohl sie nur 2 % der Körpermasse ausmachen, aufgrund des großen Stoffwechselbedarfs ihrer Neuronen.

Das BBP hat sich nun der Rekonstruktion und Stimulation der Mikroschaltung in neokortikalen Geweben zugewandt, und die Forscher versuchen, die Konnektivität digital zu rekonstruieren; sie wollen die normale Physiologie mit allem, was „normal" bedeuten könnte, verstehen.

> *Aspectus animae ratio est.* – Die visuelle Kapazität der Seele ist Ratio.
> Augustinus, Soliloquia I, 13.
> *partibus compositi sumus, ex animo scilicet et corpore.* – Wir sind aus zwei Teilen zusammengesetzt, der Seele und dem Körper.
> (Augustinus Soliloquia I, 21).

Die Lehrbuchmeinung besagt, dass im Gegensatz zu den meisten anderen Gewebezellen Nervenzellen nicht nachwachsen und die Reparatur von Nervengewebe ausgeschlossen ist. Die Ausnahme bildet der Hippocampus, mit der Regenerationsfähigkeit seiner konstituierenden Nervenzellen. Dieses Thema muss geklärt werden, da Forscher in der Gruppe von Arturo Alvarez-Buylla (*1958) der UCSF das Nachwachsen nicht bestätigen konnten [11]. Gehirne von Menschen mit Epilepsie oder während einer Gehirnoperation entnommene Proben, 59 an der Zahl von Babys, Kindern und Erwachsenen, konnten nicht durch die Zugabe von Stammzellen, HSCT (Hematopoietic stem cell transplantation), repariert werden.

Besseres Wissen über Risiko- und Schutzfaktoren, die die Gehirngesundheit beeinflussen, ist die Grundlage zur Prävention von psychischen Erkrankungen und neurodegenerativen Störungen. Im Gegensatz dazu führen wir in Europa die Lifebrain-Studie durch, die Daten von mehr als 6000 europäischen Forschungsteilnehmern integriert, die in 11 europäischen Gehirnbildgebungsstudien in 7 Ländern gesammelt wurden; die Studie sammelt auch Daten zu biologischen Proben von einigen Teilnehmern des Projekts.

Inspiriert von diesen Bemühungen, die sich zunächst auf Mäuse konzentrierten, startete Japan 2014 sein Brain/MINDS (Brain Mapping by Integrated Neurotechnologies for Disease Studies)-Projekt, ein großer Teil davon beinhaltet die Kartierung neuronaler Netzwerke im Gehirn des Seidenaffen (Marmosetten). Seitdem haben andere Länder, darunter Kanada, Australien, Südkorea und China, versprochen, großzügige Programme zur Gehirnforschung mit breit gefächerten Zielen zu starten.

Diese laufende Arbeit erzeugt bereits kolossale – und vielfältige – Datensätze, die alle der Gemeinschaft zugänglich gemacht werden. Im Dezember 2020 startete das Human Brain Project (HBP) beispielsweise seine BRAINS-Plattform, um Zugang zu Datensätzen in verschiedenen Größenordnungen, den digitalen Werkzeugen zu ihrer Analyse und den Ressourcen zur Durchführung von Experimenten zu bieten. Einer der faszinierendsten Aspekte der Kognition ist, wie das Gehirn uns die Welt wahrnehmen und navigieren lässt. Wenn wir uns orientieren, kombinieren wir ständig Informationen aus allen sechs Sinnen auf scheinbar mühelose Weise – eine Eigenschaft, die selbst die fortschrittlichsten Systeme der Künstlichen Intelligenz nur schwer replizieren können.

Eines der bedeutendsten und am besten finanzierten Bemühungen, subventioniert durch die BRAIN-Initiative, ist ein riesiger Katalog von Zelltypen, erstellt durch die NIH Brain Research through Advancing Innovative Neurotechnologies (BRAIN)-Initiative – Cell Census Network (BICCN), ein Konsortium von 26 Teams in US-Forschungseinrichtungen. Der Katalog beschreibt, wie viele verschiedene Gehirnzelltypen es gibt, in welchen Proportionen sie existieren und wie sie räumlich angeordnet sind. „Das Verständnis des Gehirns erfordert Wissen über seine grundlegenden Elemente und wie sie organisiert sind", sagt BICCN-Mitglied Josh Huang, ein Neurobiologe an der Duke University in Durham, North Carolina, USA. „Es ist unser Ausgangspunkt, um herauszufinden, wie ein neuronaler Schaltkreis aufgebaut ist und funktioniert – und um letztendlich die komplexen Verhaltensweisen zu verstehen, die diese Schaltkreise antreiben." Das BICCN veröffentlicht mehrere andere Artikel im Nature Portfolio. Das Konsortium hat die Zelltypen in etwa 1 % des Mausgehirns kartiert und hat vorläufige Daten zu Primatengehirnen, einschließlich Menschen. Es plant, das gesamte Mausgehirn zu vervollständigen. Die Karten deuten bereits auf kleine Unterschiede zwischen den Arten hin, die helfen könnten, unsere Anfälligkeit für einige humanspezifische Erkrankungen wie Alzheimer zu erklären. Neurowissenschaftler sind besonders begeistert, dass das BICCN Werkzeuge entwickelt, die auf bestimmte Zelltypen und Schaltkreise abzielen, die für Infektionen relevant sind, was helfen wird, Hypothesen über die Gehirnfunktion zu testen und Therapien zu entwickeln. Der Zellkatalog ist ein dringend benötigter Bezugspunkt, sagt der Neurowissenschaftler Christof Koch (*1956), Präsident des Allen Institute for Brain Science in Seattle, Washington. „Nichts in der Chemie macht ohne das Periodensystem Sinn, und nichts wird im Verständnis des Gehirns Sinn machen, ohne die Existenz und die Funktion von Zelltypen zu verstehen."

## 7.4 Typenjäger

Im Laufe der Jahrzehnte haben Neurowissenschaftler jede geeignete neue Technologie genutzt, die ihnen zur Verfügung stand, um die Definition dessen, was einen bestimmten Zelltyp der Neurologie ausmacht, zu verfeinern. Man erkannte, dass Zellen, die oberflächlich gleich aussehen, unterschiedliche Zelltypen sein könnten, abhängig von ihren Verbindungen zu anderen Gehirnzellen oder Regionen oder ihren elektrischen Eigenschaften. Gleichzeitig sammelten Forscher Daten darüber, wie Neuronen in Netzwerken verbunden sind und welche Eigenschaften die Netzwerke haben. Als das HBP startete, konzentrierte es sich darauf, die Algorithmen und Rechenleistung zu generieren, um zu helfen, zu simulieren, wie denn diese Netzwerke zusammen funktionieren könnten. In den 1990er-Jahren begannen Forscher, die Aktivität von Genen in verschiedenen Zelltypen zu untersuchen und ob deren Expression ihre Eigenschaften widerspiegelte. Dennoch wollte die Gemeinschaft mehr. „Wir wollten in der Lage sein, jedes Gen zu sehen, das in jeder Zelle gleichzeitig exprimiert wird", sagt Hongkui Zeng, Direktor des Allen Institute for Brain Science (https://alleninstitute.org). Die unterschiedlichen Genexpressionsmuster in einzelnen Zellen würden es den Forschern ermöglichen, zu definieren, welcher Zelltyp sie waren – eine ehrgeizige Aufgabe, da das Mausgehirn mehr als 100 Mio. Zellen enthält, von denen zwei Drittel Neuronen sind. Das menschliche Gehirn ist um Größenordnungen größer, mit mehr als 170 Mrd. Zellen, von denen die Hälfte Neuronen sind.

Eine bahnbrechende Technologie, die Mitte der 2000er-Jahre aufkam, versprach, dabei zu helfen, dies zu erreichen. Wissenschaftler:innen haben eine Methode entwickelt, um RNA in einzelnen Zellen zu verfolgen, eine Technik, die in den letzten zehn Jahren alle Bereiche der Biologie transformiert hat. Das Transkriptom einer Zelle – die RNA, die eine Auslese all ihrer protein-kodierenden Gene darstellt – zeigt die Proteine an, die die Zelle zu einem bestimmten Zeitpunkt herstellt.

## 7.5 Größere Gehirne

In der nächsten Phase des Zellzensus werden sich die Teams verstärkt auf größere Gehirne konzentrieren. Ein Teil dieser Arbeit hat bereits begonnen. Die RNA-Sequenzierung von postmortalen Marmosetten- und menschlichen Gehirnen hat bemerkenswerte Konsistenz in den Zelltypen über die Arten hinweg gezeigt. Was erklärt dann die deutlich überlegene kognitive Leistungsfähigkeit des Menschen?

Die zentrale Botschaft dieser Studien ist, dass der allgemeine Bauplan der Zelltypen über die Arten hinweg erhalten bleibt. Dennoch kann man Beweise für signifikante Spezialisierungen der Arten finden, selbst wenn sie nur Varianten eines Themas sind. Die BICCN-Transkriptomstudien zeigen eine größere Vielfalt an Zelltypen im menschlichen Gehirn als im Mausgehirn, insbesondere bei den am jüngsten entwickelten Neuronen. Eine davon entspricht einer Klasse von Neuronen, die bei der Alzheimer-Krankheit selektiv abgebaut wird. Eine Art von Umnutzung des eigentlichen Forschungsprojekts wird mit Projekten zur Alzheimer-Krankheit erreicht. Wenn dabei Projekte abnormale Amyloidablagerungen im Gehirn untersuchen, sind sie verpflichtet, die Ablagerungsstelle und die Mikroanatomie zu erkunden [2, 3, 6, 11, 12].

## 7.6 Herz und Gefäßbaum

Arteriosklerose mit darauffolgenden Herz-Kreislauf-Erkrankungen wie Blutflussblockade oder Aneurysmen ist ein häufiger Killer. Erwachsene Stamm-/Vorläuferzellen sind eine kleine Population von Zellen, die das Potenzial besitzen, sich in alle Zelltypen des Organs zu differenzieren, in dem sie wirken. Erwachsene Stammzellen sind an der Homöostase, Regeneration und Alterung aller Gewebe beteiligt und werden jetzt auch zur Behandlung unzureichender Sauerstoffversorgung von Geweben eingesetzt. Die gewebespezifische Seneszenz von erwachsenen Stammzellen hat sich als attraktive Theorie für den Rückgang der Funktion von Geweben und Organen bei Säugetieren während des Alterns herausgestellt. Die Seneszenz von adulten kardialen Stamm-/Vorläuferzellen (CSC, cardiac stem/progenitor cell) wurde mit physiologischen und pathologischen Prozessen in Verbindung gebracht, die sowohl altersunabhängigen als auch altersbedingten Rückgang der Reparatur von Herzgewebe und Organfunktionsstörungen und -krankheiten umfassen.

## 7.7 Lungen

Abgesehen von Krebs der Atemwege sind die Lungen kein primäres Organ, das von der Seneszenz betroffen ist. Atemnot hat viele Gründe, und persönliches Training, Joggen oder körperliche Betätigung lassen uns unsere Anstrengungen einstellen und genug Luft holen. Die mechanistischen Ursachen der Lungenalterung sind möglicherweise leichter zu verstehen, während die reine Seneszenz der Lungen, unabhängig von langen Wanderungen in großen Höhen, kaum erforscht ist. Eine Patientin, die von U. Nydegger gesehen wurde und jetzt in ihren 80ern ist, entwickelte allmählich einen Rückgang der Lungenfunktion, erweiterte Alveolar-Resilienz, Verlust des elastischen Rückstoßes der Lunge und Vergrößerung der distalen Luftwege. Bei ihr wurde die chronisch obstruktive Lungenerkrankung (COPD) diagnostiziert. Die Prävalenz von COPD ist bei Menschen über 60 Jahren zwei- bis dreimal höher als in jüngeren Altersgruppen. Tatsächlich wird COPD jetzt als eine Bedingung der beschleunigten Lungenalterung angesehen. Mehrere mit dem Altern verbundene Mechanismen sind in den Lungen von Patienten mit COPD vorhanden: Zellseneszenz ist in emphysematösen Lungen vorhanden und ist mit verkürzten Telomeren und verringerten Anti-Aging-Molekülen verbunden, was auf eine beschleunigte Alterung in den Lungen von Patienten mit COPD hindeutet. Mit zunehmendem Alter steigen die basalen Entzündungs- und oxidativen Stressniveaus (Inflammaging) und die Immunoseneszenz, die mit Veränderungen sowohl der angeborenen als auch der adaptiven Immunantworten verbunden sind. Diese Veränderungen ähneln denen, die bei COPD auftreten, und können die Aktivität der Krankheit verstärken. Derzeit wird die Patientin mit Prednison und Symbicort 200 mg/d behandelt, einem β-2-Sympathomimetikum, das häufig bei Asthmatikern eingesetzt wird.

## 7.8 Pleura

Die Seneszenz der Pleura wurde noch nicht separat betrachtet. Diese Hülle stand während der Herrschaft der Tuberkulose im Vordergrund des Interesses. Wir erinnern uns an dieses lebenswichtige Organ, das den Thoraxraum auskleidet und die Lungen der Patienten bedeckt, die z. B. in der Höhenluft von Davos, in der Schweiz, wegen Tuberkulose hospitalisiert wurden. Die Seneszenz zielt auf das Glykosaminoglykanfett, ohne bisher eine Atembeeinträchtigung zu entwickeln.

## 7.9 Leber

Die Leber wurde im Rahmen der SENIORLABOR-Kohorte von gesunden älteren Probanden und Patienten mit verschiedenen Lebererkrankungen auf Seneszenz untersucht. Die fettige Umwandlung sowohl der Hepatozyten als auch im Portalfeld, im Rahmen der nicht-alkoholischen Fettlebererkrankung (NAFLD), ist eine klinisch oft stille Bedingung, die ziemlich häufig und keineswegs altersabhängig ist. Geriatrische Stationen bemerkten früh, dass bei Personen über 65 Jahren die oberen Grenzwerte der Referenzintervalle der Alanin-Aminotransferase (ALT) mit zunehmendem Alter sinken (siehe auch Tab. 9.1). Da Hepatopathologen oft über die Variabilität zwischen Beobachtern streiten, wird die seneszente Umwandlung im Lebergewebe nur durch eine Leberbiopsie festgestellt. Ein Fibrose-Score (FIB-4) und ein NAFLD-Score werden in einigen Kliniken verwendet, aber die Schwellenwerte bei älteren Patienten sind noch zu definieren. Der ALT-Abfall im höheren Alter ist wahrscheinlich auf das erhöhte Fibrosestadium zurückzuführen.

## 7.10 Pankreas

Zwei verschiedene Komponenten: das exokrine Pankreas, ein Reservoir von Verdauungsenzymen, und die endokrinen Inseln, die Quelle des lebenswichtigen Stoffwechselhormons Insulin, bilden dieses Organ. Banting (1891–1941) und Best (1899–1978) entdeckten die Insulinproduktion, während sie ihre Neugier über die Funktion dieser Drüse bei Hunden zufriedenstellten. Menschliche Langerhans-Inseln, so genannt wegen ihrer anatomischen Ansammlung im Organ, besitzen eine begrenzte Regenerationsfähigkeit und sind der Seneszenz unterworfen; Verlust von Insel-β-Zellen bei Krankheiten wie Typ-1-Diabetes, im Wesentlichen eine Autoimmunerkrankung mit Autoantikörpern gegen den insulinproduzierenden Zelltyp. Die führende Strategie zur Wiederherstellung der β-Zellmasse besteht in der Erzeugung und Transplantation neuer β-Zellen, die aus menschlichen pluripotenten Stammzellen gewonnen werden. Auch hier könnten humane Stammzellen uns vielleicht verjüngen und altersbedingten Typ-2-Diabetes mellitus (T2DM) vermeiden. Andere Ansätze umfassen die Stimulierung der endogenen β-Zellproliferation, die Umprogrammierung von Nicht-β-Zellen zu β-ähnlichen Zellen und die Ernte und Transplantation von Inseln aus genetisch veränderten Tieren. Zusammen bilden diese Ansätze eine vielfältige Auswahl an therapeutischen Entwicklungen für die Pankreasregeneration.

## 7.11 Darm

Der Dünndarm entgeht der Seneszenz nicht, der mehr durch lebenslange Nutzung altert. Eine ältere Person leidet häufiger an Lymphangiektasie und mehreren Vorwölbungen des Dickdarms in den Peritonealraum (Divertikulose). Die Differenzierung und Reifung der intestinalen Epithelzellen, normalerweise ein lebhafter Umsatz, verlangsamt sich mit dem Altern. Intestinale Zotten und ihre Fähigkeit, Nährstoffe aufzunehmen, sind mit Seneszenzphänotypen verbunden. So verliert zumindest der alternde Darm die Unterstützung im umgebenden Peritoneum, das aus eigenem Bindegewebe besteht. Dies gilt für das Jejunum, Ileum und Kolon, die normalerweise durch kollagene Striae zusammengehalten werden.

In jüngerer Zeit ist der mikrobielle Inhalt im Darm, d. h. die Mikrobiota, in den Fokus des Interesses gerückt. Mit der Stuhltransplantation trägt die Mikrobiota zur Behandlung von Darmerkrankungen, am häufigsten nach einer Strahlentherapie bei. In der Kinderheilkunde erhalten Kinder nach einer Chemotherapie eine mütterliche Stuhltransplantation, um ihren Darm zu besiedeln. Der Darm unterliegt einer hohen Erneuerungsrate, um geschädigte Zellen zu ersetzen. Intestinale Stammzellen erzeugen ständig Vorläuferzellen, die dazu neigen, sich in die verschiedenen Zelltypen zu differenzieren, die das Endothel auskleiden. Faecalbacterium, Bacteroidaceae und Lachnospiraceae waren in der makrobiotischen Flora der älteren Menschen deutlich reduziert.

## 7.12 Vielfalt in ihrer besten Form

Ein internationales Studienteam von Genomexperten aus China und Singapur hat unterschiedliche Seneszenz-Geschwindigkeiten der Organe, die den menschlichen Körper aufbauen, bestätigt [13]. Somit variiert die Alterungsrate nicht nur zwischen menschlichen Individuen, sondern auch zwischen einzelnen Organen. Dieses Mosaikaltern wird auch durch einen aktuell erstellten epigenetischen Atlas untermauert. Die Forscher untersuchten dabei die DNA-Methylierungsmuster in verschiedenen menschlichen Gewebeproben und fanden, dass einige Gewebe und Organe schneller zu altern scheinen als andere [14], [15]. Mit solchen Studien plotten Statistiker organspezifische Biomarker-Level im Blut, Urin, Speichel und anderen humoralen Flüssigkeiten gegen die Zeit. Man kann organspezifische Unterschiede beobachten, die als unterschiedlicher Zeitlauf mehrerer Uhren innerhalb des Körpers eines einzelnen Mannes oder einer Frau interpretiert werden müssen (Abb. 7.3). Wenn verschiedene Quellen/Organe für die Erhaltung des zu untersuchenden Materials angesprochen werden, müssen wir den schnellen Fortschritt der Labortechniken antizipieren. So werden einzelne Zellen zunehmend für die RNA-Analyse neben RNA-bindenden Proteinen (RBPs), die selbst Regulatoren der Genexpression sind, genutzt. Immunpräzipitation gekoppelt mit Hochdurchsatzsequenzierung, wie RNA-Immunpräzipitation und Crosslinking-Immunpräzipitation gelangen an Bindungsstellen über das Transkriptom.

Obwohl das Altern ein lebenslanger Prozess ist, der früh im Leben beginnt, werden Studien zum menschlichen Altern oft in älteren Populationen oder Kohorten mit einer hohen Inzidenz chronischer Krankheiten durchgeführt. Einige Studien konnten altersbedingte Veränderungen ab den frühen 20ern feststellen, aber der Alterungsprozess bei gesunden jungen Erwachsenen bleibt weitgehend unbekannt. Darüber hinaus sind die Organe junger Erwachsener normalerweise noch nicht stark beschädigt, was die Möglichkeit bietet, altersbedingte Krankheiten zu verhindern

(Kap. 6). Die Auswahl geeigneter Biomarker ist entscheidend für die Klassifizierung des biologischen Alters (siehe Kap. 9). Gute Studien nutzen eine Vielzahl von Biomarkern, die umfassend die meisten Systeme des menschlichen Körpers im selben Datensatz abdecken, um das multisystemische biologische Alter zu untersuchen. Für einige Krankheiten gibt es keine geeigneten Biomarker, wie Sarkopenie, für die wir nichts anderes als indirekte Messungen der Gliedmaßenkontur, Energie-Röntgen-Absorptiometrie (DEXA) oder Bioimpedanz zur Verfügung haben. Daher müssen so viele Biomarker wie möglich aus Multi-Omics-Ansätzen ausgewählt und systematische Bewertungen jeder Messung durchgeführt werden. Statistische Analysen können dann durchgeführt werden, um die Rolle der Alterungseffekte jedes Biomarkers zu berechnen, wobei redundante Biomarker ausgeschlossen werden.

## Literatur

1. Perec G (1987) Life, a user's manual, S 581
2. Greenblatt S (2012) The swerve, S 368
3. Leopold AC (1975) Aging, senescence, and turnover in plants. Bioscience [Internet] 25(10):659–662. https://doi.org/10.2307/1297034
4. McKersie BD, Senaratna T, Walker MA, Kendall EJ, Hetherington PR, Noodén LD et al (1988) Senescence and aging in plants. Academic Press, New York
5. Ehrlich B (2022) Mysterious butterflies of the soul. Sci Am 326:50–57
6. Vanlandewijck M, He L, Mäe MA, Andrae J, Ando K, Del Gaudio F, et al (2018) A molecular atlas of cell types and zonation in the brain vasculature. Nature [Internet] 554(7693):475–480. https://doi.org/10.1038/nature25739
7. McEwan I (2006) Saturday, S 304
8. Bredesen DE, Amos EC, Canick J, Ackerley M, Raji C, Fiala M et al (2016) Reversal of cognitive decline in Alzheimer's disease. Aging (Albany NY) 8(6):1250–1258
9. Bredesen DE (2014) Reversal of cognitive decline: a novel therapeutic program. Aging (Albany NY) 6(9):707–717
10. Salami A, Eriksson J, Nilsson L-G, Nyberg L (2012) Age-related white matter microstructural differences partly mediate age-related decline in processing speed but not cognition. Biochim Biophys Acta 1822(3):408–415
11. Sorrells SF, Paredes MF, Cebrian-Silla A, Sandoval K, Qi D, Kelley KW et al (2018) Human hippocampal neurogenesis drops sharply in children to undetectable levels in adults. Nature 555(7696):377–381
12. Noodén LD (1988) The phenomenon of senescence and aging. In: Senescence and aging in plants. Academic Press, San Diego, S 2–50
13. Nie C, Li Y, Li R, Yan Y, Zhang D, Li T et al (2022) Distinct biological ages of organs and systems identified from a multi-omics study. Cell Rep 38(10):110459
14. Simms C (2025) Huge epigenetic atlas reveals how aging changes our genes. Nature 645: 292–293
15. EYNON N, Jacques M, Seale K, Voisin S, Lysenko A, Grolaux R et al (2025) DNA Methylation Ageing Atlas Across 17 Human Tissues. Preprint at Research Square https://doi.org/10.21203/rs.3.rs-7184037/v1

# Verbleibendes Leben    8

> *Cupidus Rerum Novarum*
> *Nec enim umquam sum assensus veteri illi laudatoque*
> *proverbio, quod monet mature fieri senem, si diu velis*
> *senex esse*
> Denn ich habe niemals dem alten und viel zitierten Sprichwort
> zugestimmt, das rät: „Werde früh alt, wenn du lange alt sein
> möchtest"
>
> *(Cicero: De Senectute X 31–33)*

## 8.1   Blick in den Rückspiegel

„Lebe immer so, als wäre jeder Tag der letzte". Katja Früh (*1953) fragt sich, wie sie mit diesem Zitat umgehen würde. Sollten wir die Zeit nutzen, um alles in Ordnung zu bringen und kompromittierende Dokumente in den Papierkorb zu werfen? Oder sollten wir Musik hören und das Buch zu Ende lesen, das wir vor Wochen begonnen haben? Oder sollten wir ins beste Restaurant der Stadt gehen? Was Katja Früh zumindest nicht tun würde, ist Morgengymnastik – wozu auch. Die derzeit bewertete menschliche Lebensspanne resultiert aus einer evolutionären und historischen Durchlaufzeit, von kurzlebigeren Primatenvorfahren bis zu den heutigen langlebigen menschlichen Spitzenreitern, wie in Japan oder Schweden. Derzeit treten die meisten Todesfälle bei Menschen im Alter zwischen Ende 70 und Anfang 90 auf.

Vater Gillenormand, 91 Jahre alt, in Victor Hugos *Les Misérables*, war einer jener älteren Männer, denen das Alter nicht wehtat: nicht das Dahinscheiden erschreckte ihn, sondern die Vorstellung, seinen Enkel nicht mehr zu sehen, beunruhigte ihn. Im Neuen Testament, im Buch Lukas, lesen wir in Kap. 21/9, „Die Zeichen der Zeit und das Ende des Zeitalters: … denn zuerst müssen diese Dinge geschehen, aber das Ende wird nicht sofort kommen" – in einem etwas anderen Kontext als Antwort auf die Menschen, die ihn fragten, wie lange es dauern würde, bis Kriege und Unruhen eintreten könnten. Wenn Wolfgang Amadeus Mozart (1756–1791) die begrenzte Zeit seiner Existenz gekannt hätte, hätte er seine Produktivität frühzeitig angekurbelt, oder? Harvey C. Lehman (1889–1965), ein Psychologe an der Universität von Chicago, veröffentlichte eine Reihe von Studien, die zeigten, dass die produktivsten Jahre für kreative Arbeit in den 30er Alters-Jahren der Künstler liegen.

Nach diesem Exkurs ins Neue Testament ignorieren wir sicherlich vollständig die Einsicht in den Grund für die Ausdehnung der Kreativität auf spätere Jahre, mit den Beispielen von Pablo Picasso (1881–1973) oder Henri Matisse (1869–1954). Gebrechlichkeit in Matisses letzten Jahren hinderte ihn am Malen – dieser französische Künstler entfaltete neue Kreativität im Medium der Scherenschnitt-Collage.

Matisse wird zitiert mit den Worten: „Man muss die geistige Frische eines Kindes bewahren, um die Dinge zu ordnen."

Hier müssen wir zwischen Individuum und Kohorte unterscheiden. Das Gompertz-Gesetz zur menschlichen Sterblichkeit, das vor 200 Jahren aufgestellt wurde, wurde kürzlich als weiterhin von erheblicher Relevanz für das Studium der Faktoren, die die Biologie des Alterns beeinflussen, angesehen [1, 2]. Tatsächlich bietet es potenzielle Einblicke in vergangene, aktuelle und zukünftige Langlebigkeit. Unter den intervenierenden Faktoren besteht eine erhebliche Übereinstimmung über die Zusammensetzung der Nahrung: Die mediterrane Ernährung, frei von gesättigten Fetten und reich an Proteinen, wird als risikomindernd für vorzeitigen Tod angesehen (Abb. 8.1). Zumindest das letzte Gemälde von Pablo Picasso, in Todesangst entstanden, evoziert das Überwinden der Todesangst eines Künstlers.

Ein weiteres Beispiel eines Künstlers, der uns lehrt, das Alter zu überwinden, gemäß Ciceros Überschrift aus *De Senectute*, ist der Lebenslauf von Salvador Dali (1904–1989). Dreißig Jahre seines Lebens waren mit Meisterwerken gefüllt, zu denen er den Grundstein legte, als seine Karriere im Alter von 27 Jahren begann. Die „Beständigkeit der Erinnerung" (*The Persistence of Memory*) (siehe auch Kap. 7) ist ein Ikon der kollektiven Vorstellungskraft und eines der am häufigsten zitierten Meisterwerke von Dali. Dieses Ölgemälde erweist sich als überraschend klein (24 × 33 cm); aufgrund seiner Anziehungskraft, seines Geheimnisses und seiner Kühnheit und seiner Anspielung auf (schweizerische?) Taschenuhren neigt der Betrachter dazu, seine Größe in seiner Vorstellung zu vergrößern. Dieses Gemälde bedeutet das Nachdenken über das Altern, das Fortschreiten oder Zurückweichen und den Widerspruch und die innere Größe eines Künstlers, der die Grundlagen für eine Karriere legt, die sich bis zu seinen letzten Tagen in der Altersgruppe der Verzögerer (delayer) erstreckt. Im Alter von 65 Jahren kaufte Dali das Schloss von Pubol (Spanien) und interessierte sich zunehmend für die Wissenschaft und die Holografie, die ihm neue Perspektiven für sein ständiges Streben nach der Beherrschung dreidimensionaler Bilder eröffnete, was in seinem Fall durch das fortschreitende Altern erleichtert wurde.

Neben den berühmten Malern der Kunstgeschichte verwenden heute viele Senioren das Malen als Hobby im Alter, um ihre Lebenserfahrung und Kreativität zu

## 8.1 Blick in den Rückspiegel

**Abb. 8.1** Ältere Männer in einem sardischen Dorf (Italien) um den zentralen Platz 1987. (Foto: Urheberrecht bei wpw)

nutzen, um schöne Werke zu schaffen. Oft entstehen geheimnisvolle Bilder, die zum Beispiel den ewigen Fluss der Zeit im Bild eines Wasserlaufs darstellen (Abb. 8.2).

Ist es möglich, dass das Altern unnötige und umformende Gedankengänge verblassen lässt? Zumindest lassen verblassende erotische Empfindungen uns ernsthafter auf die Zusammenarbeit mit dem anderen Geschlecht konzentrieren, wie der deutsche Philosoph Arthur Schopenhauer (1788–1860) wiederholt behauptete.

Das Altern bei Säugetieren produziert senescente Zellen, die chronische Entzündungen verursachen, die in der Literatur unter dem Begriff Inflammaging bekannt sind. Ein mathematisches Modell, das Gompertz-Gesetz der Sterblichkeit bei Mäusen und Menschen, geht über Daten hinaus, die mit Markern für senescente Zellen bestätigt wurden, um die Auswirkungen von lebensdauerverändernden Interventionen bei Menschen und Tieren zu erklären, wobei die Skalierung von Überlebenskurven und die schnellen Auswirkungen von Ernährungsumstellungen auf die Sterblichkeit berücksichtigt werden.

Das verbleibende Leben von Pflanzen hängt von zahlreichen Faktoren ab, wie Genetik, Umweltbedingungen, Pflege und vielem mehr. Das Altern von Pflanzen wird in Kap. 3 diskutiert.

Von großem Interesse ist die Verwendung der Verteilung der Lebensspannen, bezeichnet durch d(x), wobei x das Alter ist. Die meisten Demografen untersuchen

**Abb. 8.2** Wasserfälle beugen die Zeit des Wasserflusses. Beispiel eines Gemäldes mit dem Thema Zeit, Erinnerung und Fluss – Hin-und-Zurück. Sigrun Lungs (*1943) *Niagara-Fälle*. Öl auf Leinwand gemalt (2007). Der Betrachter erkennt, dass die Zeit ein ewiger Kreislauf ist, wie der kontinuierliche Kreislauf des Wassers, das dem Fluss der Niagara-Fälle folgt (Eigentum von Th. Lung).

Populationen, die groß genug sind, dass $d(x)$ als kontinuierlich behandelt werden kann, was die Analyse der Kalkulation ermöglicht, die kürzlich in einem wissenschaftlichen Text veröffentlicht wurde [3], den man recht leicht ohne Universitätsabschluss in Mathematik verstehen kann. Nach einem Sterblichkeitshöcker im Säuglingsalter sinkt der Anteil der Sterbenden mit dem Alter und steigt im Allgemeinen in einem Sterblichkeitshöcker im Alter wieder an. Frauen leben länger als Männer.

Ein längeres Leben? Zunächst einmal: Will das jemand? Wenn nicht, in welchem Alter sehen sie das ideale Alter, um den letzten Tag zu erleben? Bevor wir uns mit einem Entscheidungsproblem unter Unsicherheit befassen, sollten wir eine Präferenzfunktion betrachten, die den Grad der Zufriedenheit mit dem Schicksal und dem täglichen Wohlbefinden bewertet. Um es mit Christian Gollier (*1961) auszudrücken, macht das Vorhandensein einer solchen Funktion die Lösung von Entscheidungsproblemen mit der Aussicht auf eine bestimmte Entscheidung, die den Zufriedenheitsgrad des Entscheidungsträgers maximiert, am einfachsten. Für ältere Menschen, wie der Mutter des Mitautors Th. Lung (82 Jahre alt), ist Gymnastik für ein gesundes Altern zur Pflicht geworden.

Innere Zufriedenheit kann eine wichtige Rolle bei der Eindämmung des Alterns spielen. In der Newlands-Klinik, Harare (Simbabwe), wurde Ruedi Luethy (*1941), motiviert, seinen Posten als Professor für Infektionskrankheiten am Universitätsspital Zürich aufzugeben, um AIDS-Patienten in Harare zu behandeln. Da Frauen in Simbabwe besonders stark von HIV betroffen sind und gleichzeitig auch die Gefahr groß ist, dass sie an Gebärmutterhalskrebs erkranken, hat sich Ruedi Luethy die letzten 20 Jahre zusätzlich auch noch verstärkt der Frauengesundheit gewidmet, um gute medizinische Praxis nach Afrika zu bringen (www.ruedi-luethy-foundation.ch).

Das Wohlbefinden hängt von einer langen Liste persönlicher guter oder schlechter Entscheidungen in der Vergangenheit und in der Zukunft ab, die wir oft im Rückspiegel auf ihre Angemessenheit quantifizieren können. Ein in Lausanne (Schweiz)

## 8.1 Blick in den Rückspiegel

praktizierender Psychiater hat kürzlich einen konstruktiven Weg zu einer guten Entscheidungsfindung vorgeschlagen. Bertrand Piccard (*1958) sagt dazu, dass mögliche Variablen auftauchen, die wir nur indirekt und mit Mühe beeinflussen können: der Gesundheitszustand, einige meteorologische Parameter, Verschmutzungsgrade, Mengen und Ernährungsqualität verschiedener verfügbarer Güter.

Die Überbevölkerung des Planeten und ihre lokalen Konsequenzen am Wohnort beginnen ebenfalls als Faktor aufzulisten: Die derzeit hohe Bevölkerungswachstumsrate (https://www.worldometers.info/world-population/) wurde durch den Rückgang der Sterblichkeitsraten als Folge verbesserter öffentlicher Gesundheit und steigender Einkommen angetrieben. Die Sterblichkeitsraten in Entwicklungsländern sind in den letzten Jahrzehnten viel schneller gesunken als während der historischen Entwicklung der Industrieländer. Ein Grund, warum Würdenträger, sei es im Vatikan als Päpste oder Royals, länger leben als gewöhnliche Ungläubige oder Gläubige, ist die Erschwinglichkeit und exklusive Verfügbarkeit erstklassiger medizinischer Versorgung. Weitere Beispiele für Langlebigkeit sind Prinz Philip, der mit 99 Jahren starb, und seine Frau, Königin Elizabeth II. von England, die mit 96 Jahren starb. Der 46. US-Präsident J. Biden leistete eine sehr verantwortungsvolle Arbeit und erreichte letztes Jahr seinen 82. Geburtstag. Die beste medizinische Versorgung für Staatsoberhäupter versteht sich von selbst.

Stressige Momente, stundenlanges Sitzen vor Bildschirmen und Übergewicht fördern chronische Entzündungen, mit denen Ärzte heute zu kämpfen haben.

Auch die Fruchtbarkeitsraten sind in einem noch nie dagewesenen Ausmaß gesunken, müssen jedoch schneller sinken, um einen signifikanten Anstieg der Bevölkerungswachstumsrate zu vermeiden. Die Literatur und das Wissen über Vorstellungen zum Heiratsalter, Geburten außerhalb der Ehe, Geburtenabstände, zum Stillen und die Verwendung moderner Methoden zur Geburtenkontrolle sind starke Bedingungen für das Verhalten anderer Mitglieder der Gemeinschaft. Mit EXIT, Schweiz, sind Geflogenheiten zum Beenden des Lebens in der Schweiz erlaubt, welche aber in vielen anderen Ländern und Kulturen hinterfragt werden oder verboten sind.

Das Recht auf Leben ist von größter Bedeutung im internationalen Menschenrechtsrecht. Artikel 1 der Charta der Vereinten Nationen (Art 20(1)) spricht jedem von uns ein Recht auf Selbstbestimmung zu.

Hurst Hannum (*1932) ist der Ansicht, dass „keine zeitgenössische Norm" des Völkerrechts so energisch gefördert und weithin akzeptiert wurde wie das Recht aller Völker auf Selbstbestimmung. Dennoch bleiben die Bedeutung und der Inhalt dieses Rechts so vage und ungenau wie zu der Zeit, als Nichtfachleute sie in sozialer Kompetenz formulierten. Selbstbestimmung ist ein Gruppenrecht, und selbst Wladimir Lenin (1870–1924) hat ein Buch zu diesem Thema geschrieben, sodass eine Tyrannei der Experten entsteht, von denen jeder seinen Standpunkt vertritt: Ist das Glas halb leer oder halb voll?

Eine Gruppe italienischer Ökonomen fand heraus, dass die Geschichte des 12. Jahrhunderts noch heute für Werte von Bedeutung ist: Sie behaupten, dass Städte, die im 12. Jahrhundert frei waren, heute eher Organspendervereinigungen haben; *ferent libenter homines id, quod volunt, credent* (wir neigen dazu, das zu glauben, was wir behaupten).

Die Seneszenz des hämatopoetischen Systems bedeutet eine Verlangsamung der Selbsterneuerung hämatopoetischer Stammzellen (HSC) und eine myeloische Verschiebung: Das Risiko für myeloische Malignome steigt. Strategien zur Verjüngung haben lebensverlängerndes Potenzial – mit anderen Worten, sie verlangsamen die Seneszenz und bringen das Individuum zurück zur Jugendlichkeit. Die Verabreichung junger Knochenmarkendothelzellen und HSCs nach Ganzkörperbestrahlung verbesserte die HSC-Engraftment und erhöhte das Überleben. Durch die Verjüngung dieser Zellen wurde beobachtet, dass Transfusionen von Knochenmarkendothelzellen von jungen Mäusen die Selbsterneuerung förderten und den Immunzellgehalt bei gealterten Mäusen wiederherstellten. Noch mehr: Junge Knochenmarkendothelzellen verbesserten das Engraftment hämatopoetischer Stammzellen und verlängerten das Überleben. Diese Beobachtungen deuten auf eine wesentliche Rolle von Knochenmarkendothelzellen bei der Regulierung der hämatopoetischen Alterung hin und unterstützen weitere Forschungen zur Identifizierung der von Knochenmarkendothelzellen entwickelten Verjüngungsfaktoren, welche die Funktion hämatopoetischer Stammzellen und die Immunrepertoires gealterter Mäuse wiederherstellen [4]. Könnte diese Entdeckung ein vielversprechender Weg sein, um den Rest des Lebens zu verlängern?

## 8.2  Was die Zukunft bringen könnte

Die Vermeidung des Todes ist so alt wie die ägyptische Kultur, die den Körper einer Person oder eines Tieres nach dem Tod bewahrt. Die Mumifizierung besteht darin, einen Körper zu trocknen und in Leinenstreifen zu wickeln, die Tausende von Jahren halten. Eine solche Konservierung ist ihren Namen wert, da aus DNA-Proben der Mumien mit der Polymerase-Kettenreaktion die alten Gene entschlüsselt werden können. Wenn der Tod unvermeidlich ist, bietet das Jenseits nicht nur Mumifizierung oder eine würdige Position auf einem Friedhof, konservierte Asche, wie im Lied *Mack the Knife* von Louis Armstrong und Ella Fitzgerald („Staub zu Staub und Asche zu Asche"). Es gibt eine andere Asche, die wir einäschern sollten, nämlich die digitalen Spuren auf Servern, die digitale Nachlassindustrie. Mit geschätzten 1,7 Mio. US-Facebook-Nutzern, die 2018 verstorben sind, wächst der digitale Friedhof.

## 8.3  Was wir bisher wissen

Die Verabreichung junger Knochenmarkendothelzellen zusammen mit HSCs nach Ganzkörperbestrahlung verbessert das Engraftment von HSCs und verlängert das Überleben. Diese Beobachtung deutet auf eine wichtige Rolle von Knochenmarkendothelzellen bei der Regulierung der hämatopoetischen Alterung hin und unterstützt weitere Forschungen zur Identifizierung der von Knochenmarkendothelzellen entwickelten Verjüngungsfaktoren, um die Funktion von HSCs und die Immunrepertoires gealterter Mäuse wiederherzustellen.

## 8.4 Was die Zukunft zeigen wird

Das Unternehmen Life Extension („gesund bleiben, besser leben") (Fort Lauderdale, Florida, USA) unterhält einen Labortestservice mit fast 200 Einträgen, die versuchen, den Seneszenzprozess zu quantifizieren. Für therapeutische Behandlung gegen das Altern stehen verschiedene Produkte wie z. B. Vitamine oder Nahrungsergänzungsmittel im Programm. Auf wissenschaftlicher Seite werden die Kunden aber auch über die neuesten Therapie-Möglichkeiten mit Dasatinib informiert. Dasatinib ist der Handelsname eines senolytischen Medikaments (siehe Kap. 10). Ein weiteres Unternehmen ist die Life Extension Advocacy Foundation (New York City, New York, USA), wo Dr. Greg Fahy versucht, den Thymus zu verjüngen, um altersbedingte Krankheiten zu verhindern. Dies sind nur einige mögliche Werkzeuge, um das verbleibende Leben zu verlängern.

## Literatur

1. Kirkwood TBL (2015) Deciphering death: a commentary on Gompertz (1825) ‚On the nature of the function expressive of the law of human mortality, and on a new mode of determining the value of life contingencies'. Philos Trans R Soc B Biol Sci 370(1666):20140379
2. Gompertz B (1833) On the nature of the function expressive of the law of human mortality, and on a new mode of determining the value of life contingencies. In a letter to Francis Baily, Esq. FRS &c. By Benjamin Gompertz, Esq. FR S. In: Abstracts of the papers printed in the Philosophical Transactions of the Royal Society of London. The Royal Society London, S 252–253
3. Colchero F, Rau R, Jones OR, Barthold JA, Conde DA, Lenart A et al (2016) The emergence of longevous populations. Proc Natl Acad Sci USA 113(48):E7681–E7690
4. Chang VY, Termini CM, Chute JP (2017) Young endothelial cells revive aging blood. J Clin Invest 127(11):3921–3922

# Medizinische Labortechnik

9

*Cupidus Rerum Novarum*
*Nunc quae mobilitas sit reddita material corporibus.*
*Wie können wir die Bewegungen von Analysen quantifizieren.*

(Lucretius, De Rerum Natura Liber II Seite 94)

## 9.1 Feuer-und-Schwefel-Predigt

Wir waren immer fasziniert von der Tatsache, dass ein und dasselbe Individuum gleichzeitig eine Masse von Atomen, eine Physiologie, ein Geist, ein Objekt mit einer Form, die gemalt und fotografiert werden kann, ein Zahnrad in der Wirtschaftsmaschine, ein Wähler, ein Fußballspieler oder etwas anderes ist. Die Labormedizin ist ein Fachgebiet, das sowohl die eigentlichen Tests als auch deren Interpretation mit Bedeutung für den Patienten und seinen behandelnden Arzt umfassen möchte. Aus der Sicht des behandelnden Arztes werden die Ergebnisse medizinischer Labortests die geeigneten therapeutischen Konsequenzen nach sich ziehen.

In-vitro-Diagnostik (IVD)-Medizinprodukte unterliegen nun der Medizinprodukteverordnung auf europäischer (EU) und schweizerischer Ebene. Sie treten mit dem Business Administration System for Ethics Committees (BASEC) Einreichungsformular in Kraft: *Research Project Application Form For Medical Devices and In Vitro Diagnostic*, veröffentlicht im Mai 2022 im Swissethics-Newsletter. Im Kontext dieses Buches suchen wir jedoch nach einfachen, elementaren Tests mit leicht interpretierbaren Ergebnissen und engen altersspezifischen Referenzintervallen. So spiegeln Hämoglobinkonzentrationen im Vollblut die morgendliche Lebendigkeit wider. Ferritin spiegelt die Menge des gespeicherten Eisens wider. D-Dimere, Autoantikörper, Bakterienbestimmung mit dem MALDI TOF, das Mikroben erkennt, Gerinnungssystem und Ferritin stehen im Fokus von Disziplinen wie Hämatologie, Immunologie, Mikrobiologie und klinischer Chemie (Abb. 9.1).

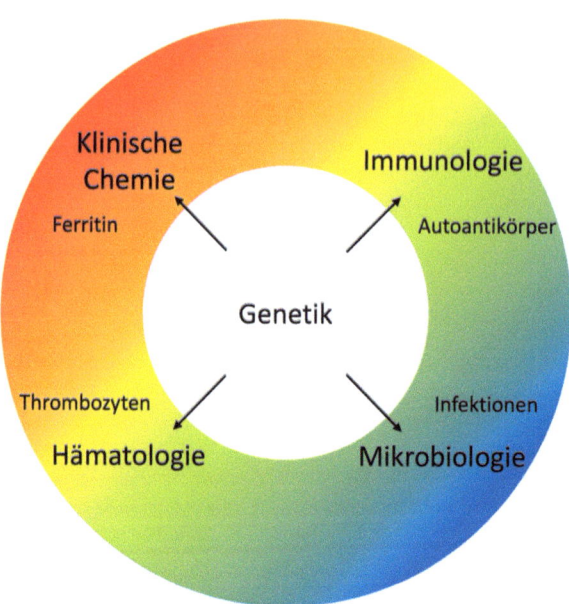

**Abb. 9.1** Das FAMH-Rad der Fachgebiete. Von der Klinischen Chemie mit dem oft angeforderten Ferritin, der Immunologie mit Autoantikörpern, der Mikrobiologie zur Klärung von Infektionen und der Hämatologie mit Thrombozyten (Blutplättchen). Jedes Gebiet wird nun zunehmend von genetischen Untersuchungen beherrscht

Die Labormedizin ist eine junge Disziplin der Allgemeinmedizin. Wir fragen uns, wie viele medizinische Labortests der Chirurg René Leriche (1879–1955) in Lyon (Frankreich) benötigte, als er 1941 die Eingeweide von Henri Matisse wegen eines Zwölffingerdarmkrebses operierte – wahrscheinlich wenige. Der von Hermann Sahli (1856–1933) entwickelte Hämoglobinometer existierte bereits, und die Bluttransfusionstherapie hatte im Spanischen Bürgerkrieg 1936–1939 einen Entwicklungsschub erfahren. Zu dieser Zeit war der Eingriff von Leriche erfolgreich, und Matisse überlebte später im Rollstuhl. Wir Menschen sind mindestens seit dem Auftauchen des *Homo neanderthalensis* in Hinblick auf unsere anatomischen und funktionellen Strukturen weitgehend gleich geblieben. Je nach Informationsquelle variieren die Jahreszahlen für die Datierung der fossilen Hominiden erheblich – in Einzelfällen sind die Zahlen grobe Schätzungen oder sogar Fälschungen. Die meisten Arten sind seltene Funde mit geringen Zahlen, die statistischen Analysen zur Signifikanz entgehen. Daher sind die heute im medizinischen Labor bewerteten Analyten im Wesentlichen dieselben: ihre Phylogenese reicht bis zu unseren Ursprüngen zurück. Die Herausforderung der Entdeckung ist faszinierend: die Entdeckung des Reiches der Natur. U. Nydegger hat schon immer solche Informationen: „Die Forscher haben ein neues Protein entdeckt" kritisch gelesen. Das „neu" bezieht sich auf die Entdeckung, aber sicherlich nicht auf das Protein selbst, das so alt ist wie der Neandertaler! Der Autor hat dies insbesondere bei Proteinen des Komplementsystems gesehen: als Hans Müller-Eberhard (1927–1998) und sein Team in

## 9.1 Feuer-und-Schwefel-Predigt

Kalifornien, USA, das C3-Proaktivator-Protein entdeckten, das heute als Faktor B des Komplementsystems bezeichnet wird, lautete der Text: „Wir haben ein neues Protein entdeckt", und – dieses „neue" Protein ist heute bereits im Phylum der Annelida (Ringelwürmer) bekannt. Colin Ronan (1920–1995), leitet uns in seiner Publikation *The Cambridge Illustrated History of the World's Science*, durch die Schritte, die zur heutigen Labortechnologie führten, die sich über Jahrtausende und Jahrhunderte entwickelte.

Die Flamme der Wissenschaft brannte schon vor etwa 10.000 Jahren im Nahen Osten: wir lesen über die Unterscheidung zwischen Pflanzen und Tieren, und in der Medizin ist der Beruf der Hebamme schon sehr früh bezeugt. Die Faszination rührt auch von der Tatsache, dass die Paläontologie noch nicht an ihrem Ende angekommen ist, seit ägyptische Archäologen in Luxor in einer geheimen Pyramidenkammer Mumien entdeckten, die vor 3500 Jahren mit Salben eingerieben wurden. Die Kammer enthält mehrere Mumien in Tonbehältern, versehen mit bunten Inschriften und Grabsiegeln. Das Ministerium für Altertümer in Kairo, unter der früheren Leitung von Khaled El Enany (*1971), war zuversichtlich, weitere Zeugnisse des Alten Ägypten zu entdecken – dieses Buchkapitel wird von Leser:innen gelesen, die Hinweise auf medizinische Laboratorien finden möchten. Tab. 9.1 zeigt die Analyten, die wir im Rahmen der SENIORLABOR-Studie zu Beginn des 21. Jahrhunderts untersucht haben.

Wir wetten, dass Albumin, Thyreoglobulin und die in Tab. 9.1 aufgeführten Analyten im antiken Rom dieselben waren. Bereits im Alten Ägypten war bekannt, dass Blut in Gefäßen fließt. Was sich geändert hat, ist ihre Anerkennung und Bezeichnung.

Lassen Sie uns mit dem Eid beginnen, den Ärzte bei ihrem Ausbildungs-Abschluss schwören. In den meisten Ländern beziehen wir uns auf Hippokrates (460 – 370 v. Chr.). Die Theorie von Hippokrates besagt, dass im menschlichen Körper vier verschiedene Säfte auftreten: Blut, Schleim, gelbe und schwarze Galle. Ist ein Mensch erkrankt, dann sind laut Hippokrates diese vier Säfte aus dem Gleichgewicht geraten.

**Tab. 9.1** Altersabhängige Abweichungen der Referenzintervalle von routinemäßigen medizinischen Laborparametern

| Erhöht im Alter | Erniedrigt im Alter |
|---|---|
| Alkalische Phosphatase (AP) | Kreatinkinase (CK), geschätzte glomeruläre Filtrationsrate (eGFR) |
| Cholesterin | Dehydroepiandrosteron (DHEA) |
| Gerinnungsfaktoren VII und XIII, D-Dimere | Testosteron, Östrogen |
| Ferritin | Wachstumshormone |
| Fibrinogen | Insulinähnlicher Wachstumsfaktor (IGF-1), Interleukin-1 (IL-1) |
| Postprandiale Glukose | Phosphor, Selen, Thiamin |
| Parathormon (PTH) | Tocopherol (Vitamin E) |
| Interleukin-6 (IL-6) | Vitamin B6 und B12 |
| Noradrenalin | Vitamin C und D |
| Prostata-spezifisches Antigen (PSA), Triglyzeride | Alanin-Aminotransferase (ALT) |
| Harnsäure | |

**Abb. 9.2** Briefmarke von Karl Landsteiner. Aus U. Nydeggers Briefmarkensammlung *100. Jahrestag Dr. Karl Landsteiners*, Entdecker der ABO-Blutgruppen. (Österreichische Briefmarkennummer 1296, Österreich Netto Katalog 1968)

Lange bevor die Renaissance aufkam, müssen wir Roger Bacon (1224–1294) Tribut zollen, einem Franziskanermönch, der unter dem Akronym „Doctor mirabilis" bekannt ist und seiner Zeit weit voraus war. Er lehrte von 1243–1247 in Paris, kehrte nach Oxford zurück und widmete viel Zeit der Mystik und ihrem Bereich der Alchemie.

Der Wiener Pathologe Karl Landsteiner (1868–1943) (Abb. 9.2) und sein Team am Allgemeinen Krankenhaus in Wien, Österreich, bereiteten bakterielle Wachstumsmilieus in Petrischalen vor und beobachteten beim Mischen von menschlichem Blut verschiedener Spender, dass bei bestimmten Blutspenderkonstellationen Hämagglutination auftrat, bei anderen jedoch nicht: Die Entdeckung der ABO-Blutgruppen war perfekt. Landsteiner kann somit als Kollege aufgeführt werden, der den Grundstein für die Laboratoriumsmedizin legte.

Die frühe Entwicklung der Pathologie und der Labordienste in den USA und Europa stützte sich stark auf wissenschaftliche Fortschritte und Praktiken in medizinischen Fakultäten und deren Lehrkrankenhäusern. Die Arbeit der medizinischen Fakultäten in Deutschland und Österreich war besonders einflussreich. Diese Entwicklungen – gepaart mit schnellen Fortschritten in der Chirurgie, die durch Anästhetika ermöglicht wurden, und der wachsenden Akzeptanz von Krankenhäusern als Zentren der Versorgung – beeinflussten die medizinische Praxis und die Bereitstellung von Dienstleistungen durch Krankenhäuser weltweit. Die Nutzung von

Krankenhäusern wurde insbesondere durch die Entwicklung der klinischen Pathologie und die Einführung klinischer Laborverfahren angeregt, so Dr. George Rosen (1875–1941) in seiner klassischen Studie *The Structure of American Medical Practice: In the late 1870s in New York City*. William H. Welch (1850–1934), T. Mitchell Prudden (1849–1924) und ihre Studenten waren die ersten in den USA, die klinische Pathologie zur medizinischen Diagnose anwendeten. Die meisten Krankenhäuser hatten keine Labore. In den 1880er-Jahren, als William Osler (1849–1919) klinischer Professor am University of Pennsylvania Hospital, USA, war, besaß er das einzige Mikroskop des Krankenhauses und das einzige Blutzählgerät des Staates. Obwohl bakteriologische Methoden zur Unterstützung der Diagnose verfügbar waren, mussten sie von Ärzten besser verstanden und genutzt werden. Dies war der entscheidende Schritt, um Ärzten zu zeigen, dass die Patientenversorgung ohne Labortests unvollständig wäre; Gert Risch (*1937), der Widmungsträger dieses Buches, sagte dies schon früh.

Es fanden jedoch Veränderungen statt. 1887 nutzte George Dock (1860–1951) Mittel von W. Osler und John Musser (1856–1912), um ein Labor am University Hospital in Philadelphia einzurichten. Später begann er am University Hospital in Ann Arbor, alle Patienten routinemäßigen Laboruntersuchungen zu unterziehen, einschließlich Urin- und Bluttests. Oft wurden auch Mageninhalte, Stuhl, Sputum, Erbrochenes, Exsudate und durch Punktion gewonnene Flüssigkeiten untersucht. Ähnliche Entwicklungen fanden in Krankenhäusern in den gesamten USA statt.

## 9.2 Was die Zukunft zeigen wird

MALDI-TOF und Hochleistungsflüssigkeitschromatografie (HPLC), halten Einzug in das Feld. Die ursprünglich für die nächste Generation der Sequenzierung (Next generation sequencing, NGS) entwickelte Flüssigbiopsie, die zellfreie DNA (cfDNA) in peripheren Blutproben untersucht, hat Zugang zur Routine für die Diagnose erlangt, indem sie die Informationen über das Vorhandensein von Tumoren in Gewebebiopsien vervollständigt. Zweifellos steht die Untersuchung des Vorhandenseins und Ausmaßes von cfDNA in der Seneszenz mittels Flüssigbiopsien bei älteren Menschen bevor. So könnte das Feld der Labormedizin zumindest teilweise zu einer weiteren Verlängerung der Lebenserwartung beitragen [27].

Der kürzlich in der Medizin geprägte Begriff Biomarker muss definiert werden. Nehmen wir das prostataspezifische Antigen (PSA) oder das Low-Density-Lipoprotein (LDL): Sind sie Biomarker? Wir würden hier sagen, dass sie es sind – ihre abnormal erhöhten Werte kündigen Schäden, Prostatakarzinom und Atherosklerose an. LDL ist ein böser Bube und trägt zur Entstehung von Atherosklerose bei, während das prostataspezifische Antigen (PSA) eine Folge der Krebsentwicklung ist und nicht von sich selbst entsteht.

Wenn wir ein nützliches Medikament entwickeln, z. B. das Schmerzmittel Oxycontin, kann das Verhältnis zwischen Erfolg und Unwirksamkeit nur anhand der Schmerzlinderung abgeschätzt werden, aber es gibt keinen wertvollen Biomarker, mit dem sich seine Wirksamkeit nachweisen lässt.

Sarkopenie: Das Muskelgewebe schwindet. Viele natürlich vorkommende Verbindungen aus häufig konsumierten Lebensmitteln, wie Nicotinamid-Ribosid, Tomatidin und Urolithin A, besitzen anti-sarkopenische Effekte. Diese Verbindungen können die mitochondriale Gesundheit und Effizienz verbessern, indem sie die mitochondriale Biogenese, die zelluläre Stressresistenz oder die Mitophagie modulieren (siehe Glossar). Aus der Vielzahl routinemäßiger medizinischer Laboruntersuchungen muss ein potenziell aussagekräftiges Set von Tests zusammengestellt werden, um Sarkopenie bei älteren Erwachsenen am besten widerzuspiegeln oder Risikofaktoren für Amyotrophie bei gelähmten jüngeren Personen zu definieren. Wenig bekannt in der guten medizinischen Versorgung sind solche Myozyten-bezogenen Analyten wie Calpain, C-terminales Agrin, 3-Methylhistidin oder Cathepsin-L-Genotyp auf FoxO3, Blutplasma-Titin, Urin-Titin-N-terminales Fragmentkonzentration (UTF), aber auch das Ausmaß der DNA-Methylierung und die mitochondriale Gesundheit sind wichtige Metaboliten in der Muskelgesundheit. Sie könnten sich, abgesehen von Titin und seinen Fragmenten, für die quantitative Einschätzung der Sarkopenie eignen. Sie wurden nicht in die Testliste der DO-HEALTH- oder SENIORLABOR-Studien aufgenommen, die mit gesunden älteren Menschen durchgeführt wurden, während DO-HEALTH 2157 Erwachsene im Alter von 70 Jahren und älter aus 5 europäischen Ländern (1006 aus der Schweiz) rekrutierte, umfasste die beobachtende SENIORLABOR-Studie 1467 gesunde Senioren > 60 Jahre aus dem Schweizer Mittelland (siehe Kap. 6).

Aktuelle Bemühungen zur Diagnose altersbedingter Sarkopenie beschränken sich hauptsächlich auf routinemäßige medizinische klinische Parameter wie Dual-Energy-Röntgenabsorptiometrie (DEXA) oder Bioimpedanz und funktionelle Tests wie Gehgeschwindigkeit und Griffstärke. Um jedoch die Medikamentenentwicklung zur Behandlung der inzwischen ICD-klassifizierten Sarkopenie (ICD: International Classification of Disease, Internationale Klassifikation der Krankheiten) zu fördern, werden neuartige diagnostische Werkzeuge benötigt, welche die verbleibende muskuläre Funktionskapazität und Muskelmasse, einschließlich ihrer Stoffwechselrate in Ruhe, quantifizieren. TAK1, ein bisher in seiner Aktivität ignoriertes Protein, reguliert die Skelettmuskelmasse und wäre ein potenzieller Kandidat. Das TAK1-Signalosom wird in verschiedenen Bedingungen von Muskelatrophie und Hypertrophie aktiviert. In Mäusen stimuliert die supraphysiologische Aktivierung von TAK1 bei erwachsenen Tieren die Translation, Proteinsynthese und Myofaserwachstum [1].

In einem Modell, das nach Geschlecht, Alter, Behandlung und Komplikationen angepasst ist, kann der Surrogat-Marker Myoglobin über 60 mg/L ein Hazard Ratio (HR) von 2 für den bettlägerigen Status darstellen; eine noch niedrigere Myoglobin-Serumkonzentration von 50 mg/L kann mit einer Erhöhung der Sterblichkeitswahrscheinlichkeit verbunden sein.

Für Titin, auch bekannt als Connectin, ein neben Myosin und Aktin reichlich vorhandenes Muskelprotein, das im Blutkreislauf vorkommt, werden derzeit bequeme quantitative Labortechniken entwickelt, von denen einige MALDI TOF und ELISA kombinieren, um Plasmakonzentrationen im mg/L-Bereich zu messen.

Biomarker der Sarkopenie müssen grundlegende Stoffwechselmessungen umfassen, z. B. Glykämie, Hämoglobin, Myoglobin, Leucin, 25-Hydroxyvitamin-D, ACE-Hemmer (Perindopril), Cortisol und LDH.

Um eine Zelle als seneszente Zelle zu bezeichnen, muss man die funktionellen Eigenschaften oder Marker definieren, die verloren gegangen oder erworben wurden. Zellseneszenz induziert die Freisetzung von Interleukinen und die Identifizierung der seneszenzassoziierten β-Galactosidase (Saβ-gal)-Aktivität in Geweben, die bei pH 6,0 nachweisbar ist und nun als Marker für seneszente Zellen bekannt ist [2]. Die Erweiterung der Fähigkeiten der Durchflusszytometrie über eine nie endende Reihe von Anwendungen brachte Einblicke in die membranöse oder innere Zellgesundheit – vervollständigt durch differenzielle Farbmarker [27]. Unerwartet wurde eine programmierte Komponente der embryonalen Entwicklung identifiziert, indem Maus-Embryonen auf befruchteten Hühnereiern kultiviert wurden. Labortechnische Probleme bei der Anwendung von Saβ-gal als Marker für seneszente Zellen wurden an anderer Stelle beschrieben. Marker für die Detektion der Seneszenz von Zellen sind vielfältig: Die richtige Konstellation, um eine Zelle als seneszent zu bezeichnen, ist ziemlich solide, aber nicht eindeutig. Das tägliche Muster von Labortests in einer Arztpraxis umfasst einige wenige Analysen, zum Beispiel Kreatinin, glykosyliertes Hämoglobin, HbA1c oder Ferritin.

Die Vielzahl unterschiedlicher Oberflächenstrukturen auf Zellen, Oberflächenproteine und Oberflächen-Glycosaminoglykane kann zur Zellzuordnung, Typisierung oder Unterscheidung gesunder von erkrankten Geweben verwendet werden. In der Onkologie und Hämatologie ist der Fortschritt in der Proteom-Charakterisierung offensichtlich, da der Zugang zu (leukämischen) Zellen erleichtert wird. Die Standardproteine, die für den Einsatz zur Erkennung onkogener Störungen in B-Zellen verwendet werden, wie FLT3, NCR3LG1 oder ROR1, können mit genetisch codierten Antikörpern profiliert werden.

Zellseneszenz wird manchmal als das irreversible Aufhören der Zellteilungskapazität (proliferativer Arrest) eines bestimmten Zelltyps definiert. Menschliche zelluläre Seneszenz-Gene sind in Datenbanken zugänglich (https://genomics.senescence.info/cells/), und der genetische Hintergrund für zelluläre Seneszenz scheint nicht umstritten zu sein. Apoptose, die ursprünglich als isoliertes Ereignis angesehen wurde, das das umliegende Gewebe nicht beeinflusst, wird nun als Reaktion auf Stress und Verletzungen wahrgenommen, die dazu führt, dass die sterbende Zelle bei ihrem Tod mitogene und morphogenetische Substanzen absondert, die Wachstum und Reparatur in ihrer Umgebung stimulieren. Ein Kollektiv sterbender (seneszenter?) Zellen muss dann während der normalen Entwicklung und unter pathologischen Bedingungen beobachtet werden. Krebs und seine Behandlung bestehen aus Stressfaktoren, die die Seneszenz beschleunigen. Moderne Behandlungsprotokolle, wie chimäre Antigenrezeptor-tragende T-Lymphozyten (CAR-T-Zellen) oder kombinierte Zytostatika-Therapien sowie Früherkennung und unterstützende Pflege haben dazu geführt, dass schätzungsweise 16 Mio. Menschen in den USA die Krebserkrankung überlebt haben.

## 9.3 Altersdurchdringung häufiger Krankheiten

### 9.3.1 Gesundheitstests

Altershäufigkeit bei vermehrt auftretenden Krankheiten generieren Gesundheitstests, wiederholte, longitudinale medizinische Laboruntersuchungen (siehe Kap. 10) und Vorsorgeuntersuchungen zur Identifizierung von Menschen, die krank sind, ohne Anzeichen oder Symptome zu zeigen. Risikoanalysen für bevorstehende Krankheiten sind in entwickelten Ländern weltweit Standardpraktiken.

Die wichtigsten Organsysteme werden mit idealen Laboranalysen und Biomarkern unter Verwendung der vier Hauptbereiche medizinischer Labordiagnostik untersucht, bestehend aus klinischer Chemie, Hämatologie, Immunologie und Mikrobiologie, die routinemäßig durch angewandte Genomsequenzierungstechniken ergänzt werden. Die Ganzgenomsequenzierung mikrobieller Organismen kann virulente von nicht-virulenten und antibiotikaresistente von nicht-resistenten Varianten derselben Spezies unterscheiden. So können diese Resultate für eine gezielte Diagnostik dann in persönlichen Big-Data-Banken aufgenommen werden, einschließlich der vorherrschenden mikrobiologischen Pathologie.

Das chronologische Alter von Patienten, die an bestimmten nosologischen Entitäten leiden, wird am besten durch Konsultation von Statistiken zu tödlichen Diagnosen, die in Altersgruppen klassifiziert sind, ermittelt. Eine bequeme Klassifizierung kann zwischen Überlebenden („Survivor", Alter bei Krankheitsbeginn unter 80 Jahren für mindestens eine der Krankheiten), Verzögerern („Delayer", Alter bei Krankheitsbeginn zwischen 80 und 100 Jahren) und Entkommenen („Escaper", Alter bei Krankheitsbeginn von 100 Jahren oder noch nicht mit einer Krankheit diagnostiziert) vorgenommen werden. Es ist bekannt, dass die sehr Alten eher an Herz-Kreislauf-Erkrankungen aufgrund von Myokardalterung als an Krebs sterben. Lebenszeitdiagnosen von 10 großen tödlichen Krankheiten (Hypertonie, Herz-Kreislauf-Erkrankungen, Diabetes, Schlaganfall, nicht-hautbedingter Krebs, Hautkrebs, Osteoporose, Schilddrüsenerkrankung, Parkinson-Krankheit und chronisch obstruktive Lungenerkrankung (COPD)) wurden bei Hundertjährigen aufgelistet und die ursprünglichen Daten zu Beginn des 21. Jahrhunderts veröffentlicht, die zeigen, dass die meisten der 424 Hundertjährigen (im Alter von 97–119 Jahren) Herzkrankheiten, nicht-hautbedingten Krebs und Schlaganfall verzögerten oder entkamen, was ein Überleben in die > 100 Jahre Kategorie ermöglichte. Die meisten dieser 10 tödlichen Krankheiten sind jetzt unter guter medizinischer und labortechnischer Kontrolle. Da Multimorbidität im hohen Alter zunimmt, müssen diese Beobachtungen als vorläufig angesehen werden. Hundertjährige sind erfolgreich mit altersassoziierten Krankheiten umgegangen. Dies ist hauptsächlich der Fall für das Gebrechlichkeitssyndrom, Sarkopenie, chronisch obstruktive Lungenerkrankung, Krebs, neurodegenerative Erkrankungen, Makuladegeneration, rheumatoide Arthritis und Osteopenie, was eine hypothetische Frage aufwirft: Würde die Seneszenz Krankheiten abwehren?

Die Voraussetzungen für ein erfolgreiches Altern können durch longitudinale Nachverfolgungen erkundet werden, die darauf abzielen, den Gesundheitszustand der sehr Alten mit demselben Individuum mehrere Jahrzehnte zuvor zu vergleichen.

## 9.3 Altersdurchdringung häufiger Krankheiten

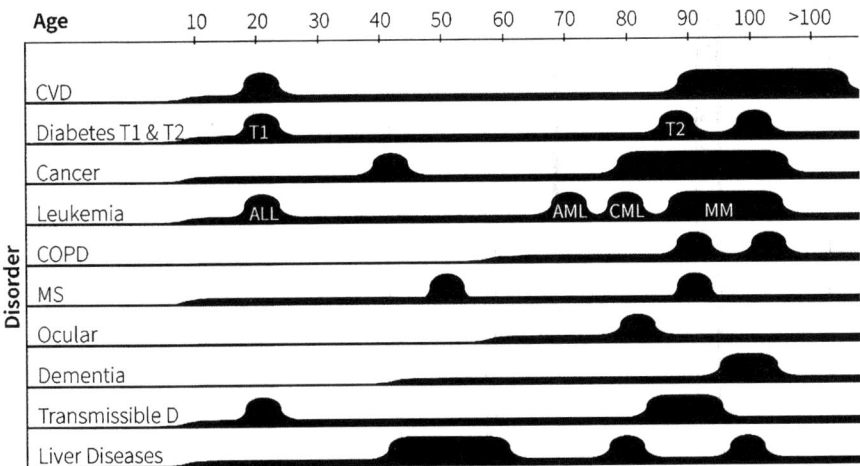

**Abb. 9.3** Grobe Übersicht häufiger Krankheiten und Altersgruppen ihrer Präferenz. Die Positionen der Höcker basieren auf langfristigen internationalen klinischen Beobachtungen; robuste Odds Ratios sind nicht verfügbar. Die meisten der dargestellten Krankheiten treten in jedem Alter auf – die Positionen der Höcker deuten auf eine Neigung hin. Wir gehen davon aus, dass Individuen ein Alter erreicht haben könnten, in dem sie vor einer eindeutigen Diagnose geschützt sind. Die in den statistischen Dateien erfasste Todesursache ist nicht zuverlässig [2]. (Copyright von KARGER, Basel, Schweiz)

Zum Beispiel erlaubt die Georgia Centenarian Study die Trennung unterschiedlicher Morbiditätsprofile, bei denen Krebs Hundertjährige in ihren Sechzigern, Herz-Kreislauf-Erkrankungen in ihren Siebzigern und Demenz in ihren Achtzigern und darüber hinaus traf (Abb. 9.3).

Es bleibt spekulativ, aus solchen Beobachtungen abzuleiten, dass das hohe Alter ein Schutz für unterschiedliche, nach der Internationalen Klassifikation der Krankheiten (ICD) klassifizierte Krankheiten ist.

Der Überlebens-, Verzögerungs- und Entkommen-Weg kann auf unterschiedlichen Hundertjährigen-Genotypen basieren, die nützlich sind, um Faktoren zu untersuchen, die außergewöhnliche Langlebigkeit bestimmen. Physische Gesundheitsfaktoren, die in der Lebensmitte als Risikofaktoren angesehen werden, könnten tatsächlich Schutzfaktoren im sehr hohen Alter sein, zum Beispiel Körpergewicht, Blutdruck und Cholesterinspiegel (ein einfacher und kostengünstiger Laborparameter) sowie ein höherer Körperfettanteil, wie in einigen Hundertjährigen-Forschungen berichtet, die ein solches Paradox bei physisch gesunden sehr alten Erwachsenen, insbesondere in Bezug auf Hypertonie, feststellen. Diese Beobachtung passt gut zur Analyse der führenden Todesursachen nach Altersgruppen in der Schweiz. Die Diagramme können heruntergeladen werden (https://www.bfs.admin.ch/bfs/de/home/statistiken/kataloge-datenbanken/grafiken.asset-detail.262901.html).

Mit der Verlängerung der Lebenserwartung verschiebt sich die chronologische Abfolge einiger häufiger Krankheiten nach rechts, während einige nosologische Entitäten die sehr Alten nicht betreffen. Die Gemeinschaft der Labormedizin begann, RIs (Referenzintervalle) zu überprüfen, die für die Validierung von Tests, die für ältere Patienten bestellt werden, anwendbar sind. Kurze Listen von Analyten sind bereits für RIs verfügbar, die erheblich von den Altersgruppen der Erwerbsbevölkerung abweichen. Es ist seit langem bekannt, dass Sexualhormone abnehmen, und mehrere Parameter schließen sich einer ständig wachsenden Liste an, oft sofort nach der ersten Anerkennung ihrer Bedeutung für die Verbesserung der Diagnose. Die SENIOR-LABOR-Studie, die an unserer Institution initiiert wurde, rekrutierte 1467 anscheinend gesunde ältere Personen > 60 Jahre; laufende Bewertungen können unter www.seniorlabor.ch gefunden werden. Unsere Beobachtungen stimmen mit früheren Studien zu den Laboranalysen in verschiedenen Altersgruppen und Referenzintervallen überein, wie kürzlich von Maria Edvardsson zusammengefasst. SENIOR-LABOR ist eine laufende prospektive Beobachtungsstudie, die ursprünglich konzipiert wurde, um Referenzintervalle eines routinemäßigen medizinischen Labors bei 1467 gesunden älteren Studienteilnehmern > 60 Jahre zu untersuchen, die es ermöglichten, sich auf Teilnehmeruntergruppen zu konzentrieren, um organspezifische Laboruntersuchungen zu bewerten (Tab. 9.4) [2, 3]. Haut und neurologische Organe sind von Interesse in der Biologie der Seneszenz, weil wir gelernt haben, altersassoziierte Veränderungen zu überwachen. Neben Abnutzung zeigt sich die Hautseneszenz in der Subkutis mit der Lockerung von Kollagenfasern und der reduzierten Proliferation von Zellen in der Basalzellschicht. Ein altersabhängiger Anstieg der Expression des Seneszenzmarkers β-Galactosidase in dermalen Fibroblasten und epidermalen Keratinozyten ist bemerkenswert. Bisher wurde kein Zusammenhang zwischen Hautseneszenz und Immunoseneszenz gefunden, der darauf hindeuten würde, dass lokale und organspezifische Seneszenz gegenüber einer systemischen Verzögerung des Seneszenzverlaufs durch rezirkulierende Immun- oder Stammzellen überwiegt. So können zum Beispiel Hautzellen verjüngt werden, indem man sie in hIPSC (Human Induced Pluripotent Stem Cells) umwandelt.

Haarfollikel-Stammzellen, die nicht zur epidermalen Homöostase beitragen, verlassen ihre Nische und beteiligen sich an der Wiederbesiedlung der Epidermis: Der Sartorius & Science-Preisträger, Dr. Yaron Fuchs, hat kürzlich solche adjuvanten Reparaturmerkmale in seinem Preisaufsatz zusammengefasst. Diese Arbeit ermöglicht es, das Phänomen der Apoptose als Reparaturhilfe zu verstehen: Stress und Verletzungen führen zu mitogenen und morphogenen Merkmalen, die Wachstum und Reparatur in der Umgebung apoptotischer Zellen stimulieren; Apoptose ist nicht nur eine Frist der Seneszenz, sondern birgt Potenzial für Verjüngung. Zelluläre Seneszenz konzentriert sich auf neuronale Vorläuferzellen (NPCs, neuronal progenitor cells), da ihre Erforschung ein besseres Verständnis von Krankheiten wie primär progredienter Multipler Sklerose (PPMS) ermöglichen könnte: Seneszente Zellen finden sich in remyelinisierten weißen Substanzläsionen in Autopsiegewebe, und Marker der zellulären Seneszenz sind in großer Zahl vorhanden. Dies kann mit Rapamycin behandelt werden, um die von neuronalen Vorläuferzellen vermittelte Unterstützung der Oligodendrozytenreifung bei der primären progressiven Multiplen Sklerose wiederherzustellen. Obwohl MS zuvor nicht als Alterskrankheit wahrgenommen wurde, ermöglicht das wachsende Segment von Personen im Alter von ≥ 80 Jahren, eine Verschiebung der Multiplen Sklerose in die ältere Bevölkerung zu erkennen.

Seneszente Zellen im Gehirn stellen neuartige therapeutische Ziele zur Behandlung altersbedingter Neuropathologien dar. Seneszente Zellen akkumulieren mit dem Alter in verschiedenen menschlichen und Mausgeweben und exprimieren einen komplexen „seneszenzassoziierten sekretorischen Phänotyp" (SASP). Der SASP umfasst viele proinflammatorische Zytokine, Chemokine, Wachstumsfaktoren und Proteasen, die das Potenzial haben, altersbedingte Pathologien, sowohl degenerative als auch hyperplastische, zu verursachen oder zu verschlimmern. Während die zelluläre Seneszenz in peripheren Geweben kürzlich mit mehreren altersbedingten Pathologien in Verbindung gebracht wurde, wird ihre Beteiligung am Gehirnalterungsprozess gerade erst erforscht. Altersbedingte neurodegenerative Erkrankungen gehen mit einer Zunahme von SASP-exprimierenden seneszenten Zellen nicht-neuronalen Ursprungs im Gehirn einher, die mit der Neurodegeneration korrespondieren. Im erwachsenen Gehirn wurden kognitive und regenerative Beeinträchtigungen in Experimenten mit heterochronischer Parabiose untersucht, bei denen die Kreislaufsysteme junger und alter Tiere verbunden werden. Es wurde beobachtet, dass β2-Mikroglobulin die kognitive Funktion im erwachsenen Hippocampus altersabhängig negativ reguliert. Ein Ungleichgewicht der beiden endogenen Metalle Kupfer und Zink wurde als Antrieb für den kognitiven Abbau vorgeschlagen.

Mehr als jedes andere Organ zeigt das Gehirn eine umfangreiche Variation in der Seneszenz. Bei einigen Menschen mit frühem geistigem Abbau können unterschiedliche Brachistochronen-Kurven von stabilen Halteperioden gefolgt werden. Langfristige stabile Wachsamkeit kann erst im späten Leben verloren gehen. In beiden Fällen können ähnliche mentale kognitive Testergebnisse resultieren. Viele sind der Meinung, dass Diskrepanzen zwischen dem vom Gehirn definierten Alter und dem chronologischen Alter eine Prädemenz für ein bestimmtes Alter widerspiegeln würden. Das Zentrum für kognitives Altern und kognitive Epidemiologie der Universität Edinburgh (University of Edinburgh Centre for Cognitive Ageing and Cognitive Epidemiology) hat diese Aspekte umfassend untersucht und sie mit einer Reihe von Biomarkern in Beziehung gesetzt, darunter DNAm, Telomerlänge, Sphingolipiden und dem Ausmaß der Protein-Glykosylierung.

Altersbedingte neurodegenerative Erkrankungen gehen also mit einer Zunahme von SASP-exprimierenden seneszenten Zellen nicht-neuronalen Ursprungs im Gehirn einher, die mit der Neurodegeneration korrelieren. Es wurde berichtet, dass die Seneszenz von neurologischem Gewebe eigenständig verläuft und unabhängig von anderen Organen desselben Individuums ist.

## 9.4 Metabolisches Profil

Bis zu ihrem seneszenten Zustand verlassen sich somatische Zellen auf den metabolischen Energieverbrauch; das Metabolom beeinflusst das Epigenom mit dem Potenzial, das Schicksal der Zelle zu kontrollieren. Die Glykation von Proteinen erfolgt in physiologischen Systemen in geringem Umfang – typischerweise 1–10 Molprozent. Die Glykation durch Glukose bildet N-terminale und Lysyl-

Seitenketten-N-1-Desoxyfructosyl-Reste oder Fructosamine, die klinisch zur Beurteilung der glykämischen Kontrolle durch Messung von glykiertem Hämoglobin (HbA1c) genutzt werden. Eine weitere wichtige Art der Protein-Glykation ist Methylglyoxal (MG) – ein reaktives Dicarbonylmetabolit, das aus Zwischenprodukten gebildet wird. Methylglyoxal modifiziert Proteine, faltet sie falsch und inaktiviert sie. Die nicht-enzymatische Glykation von Proteinen durch die Maillard-Reaktion ist ein physiologischer Prozess, dessen Ausmaß die Proteininteraktionen mit spezifischen Rezeptor-(Auto-)Antikörpern, die Halbwertszeiten von Proteinen, die Seneszenz und die Proteinfaltung beeinflusst. So kann Prädiabetes, ein Vorstadium der Krankheit, quantitativ durch Messung von glykiertem HbA1c und Fructosamin abgeschätzt werden. Biomarker, die am besten DALY (siehe Glossar) messen könnten, werden zunehmend erforscht (http://mortalitypredictors.org).

## 9.5 Altern, Kennzeichen und Biomarker

Altern, die zeitabhängige Verschlechterung der physiologischen Prozesse des Organismus, die sein Überleben und seine Fruchtbarkeit beeinflussen, wird durch Seneszenz ergänzt. Dieser Hinweis ist auf zellulärer Ebene besser durch eine irreversible Zellzyklusverzögerung charakterisiert. Definitionen des Alterns sind Gegenstand von Diskussionen, stehen aber auch im Einklang mit der Auffassung, dass das Altern auf das Abklingen der natürlichen Selektionskräfte zurückzuführen ist.

Es gibt eine lange Tradition sich entwickelnder Ansichten und Theorien des Alterns. Bemühungen werden unternommen, um die verschiedenen Theorien wie evolutionäre, nicht-evolutionäre, programmierte und nicht-programmierte konzeptionell zu klären und theoretisch einander gegenüberzustellen. Harmonisierungsbestrebungen sind im Gange, zum Beispiel durch die Verwendung neuer aufkommender Konzepte wie der „schädlichen", einheitlichen mechanistischen Ansichten und der „somatischen Restriktionstheorie des Alterns", wobei letztere die „antagonistische Pleiotropie"-Theorie mit modernen Beobachtungen der epigenetischen Regulation im Altern verbindet, was potenziell zu klinischen Anwendungen in der regenerativen Medizin führen könnte. Die Definition des Alterns und seiner Theorien geht Hand in Hand mit einer ausgefeilteren Definition des „Gesundheitszustands". Zusammen mit dem Konzept der „Abwesenheit von Krankheit", dass wahrscheinlich nicht mehr gebräuchlich ist und wahrscheinlich eine zu idealistische Sicht des Zustands „vollständigen körperlichen, geistigen und sozialen Wohlbefindens" (WHO) darstellt, sind die neueren Konzepte der Homöostase, Allostase und „allostatische Belastung" entstanden. Sie könnten besser die dynamischen Anpassungen von Organen und Systemen an Stressoren und die Umwelt erfassen, indem Laboruntersuchungen als Biomarker des Alterns die Fähigkeiten des Organs oder Systems bei der Reaktion auf Störungen untersuchen. Rezeptorbindungsdomänen, die empfindlich auf das Spike-Protein (S) von SARS-CoV-2 reagieren, sind auf den Zellen der Atemwegsschleimhaut reichlich vorhanden; mit dem Konzept der Allostase übersteigt die Resilienz verschiedener Organe die der Lunge – wie am Beispiel der Leber mit ihrer „Fähigkeit" zur Regeneration gezeigt. Interessanterweise gab es Versuche, sowohl Altern als auch Gesundheit in einem konzeptionellen

## 9.5 Altern, Kennzeichen und Biomarker

Rahmen zu vereinen, was zu präzisen Präventionsinterventionen führen könnte. Ein breites Spektrum klinischer Manifestationen, ähnlich wie bei systemischen Autoimmunerkrankungen, zeigt sich bei SARS-CoV-2; dies lässt vermuten, dass die Belastung des Immunsystems bei dieser Krankheit eine wichtige Rolle spielt.

Trotz der Komplexität der Seneszenz bestimmen einige wenige wesentliche molekulare und zelluläre Veränderungen die Kennzeichen des Alterns, die eine Brücke zu verschiedenen Krankheiten schlagen und potenziell für Eingriffe geeignet sind. Eine kurze Betrachtung des Begriffs „hallmark" („Kennzeichen") ist notwendig. *Roget's Thesaurus of English words and phrases* (Kirkpatick B *The original Roget's thesaurus of English words and phrases*. 1987. Longman, Harrow, Essex, GB) platziert den Ausdruck in seinem Abschnitt „means of communicating ideas". Ein Kennzeichen („hallmark") ist ein Etikett und ein Identifikationsmerkmal, ein Aufkleber, der etwas zuordnet, bei dem wir uns nicht hundertprozentig sicher sind. So schlugen Carlos Lopez-Otin (*1958) und Co-Autoren in einem Cell-Artikel [4] neun Kennzeichen („hallmarks") der Seneszenz vor: -genomische Instabilität, -Telomerverkürzung, -epigenetische Veränderungen, -proteomische Degeneration, -mangelhafte Stoffwechselregulation, -mitochondriale Dysfunktion, -Zelltod, -Stammzelldefizienz und -Behinderung der interzellulären Kommunikation. All diese Kennzeichen wurden indirekt identifiziert, basierend auf drei Voraussetzungen: Sie mussten während des Alterns des Individuums (Labortier, Mensch) beobachtet werden, ihre experimentelle Induktion musste die Alterungsprozesse beschleunigen und dementsprechend die Seneszenz des Individuums am Fortschreiten hindern, wenn die Kennzeichen („Hallmarks") ferngehalten oder entfernt werden. In jüngerer Zeit wurden die Veröffentlichungen von Dr. Lopez-Otin in Frage gestellt. Zumindest können diese Interventionen in breite Kategorien eingeteilt werden, wie systemische Blutkomponenten und Stoffwechselmanipulationen, die möglicherweise Kalorien- oder Diäteinschränkungen nachahmen, Senolytika (Medikamente, die seneszente Zellen entfernen) und zelluläre Reprogrammierung. Als Suchmaschinen in Mode kamen, verknüpfte das Europäische Informatikinstitut sein Know-how mit Logical Observation Identifiers Names and Codes (LOINC®). Die Nutzung von LOINC® ist jetzt *de rigueur* in Frankreich sowie anderen europäischen Ländern und soll in die gesamte biochemische Produktionskette der diagnostischen Laborwelt integriert werden.

Die Komplexität der Seneszenz und ihrer medikamentösen Behandlung wird durch die Komplexität einer ständig wachsenden Anzahl möglicher Tests im medizinischen Labor verdoppelt. Als die Autoren dieses Buches vor einigen Jahrzehnten in das Gebiet der Labormedizin eintraten, war es relativ einfach, diese Tests in vier Hauptfachgebiete zu klassifizieren, nämlich klinische Chemie, Hämatologie, Immunologie und Mikrobiologie, die später durch Genomik ergänzt wurden. Die Notwendigkeit von Metriken der Seneszenz und des Alterns mit Biomarkern geht einher mit der Entflechtung chronologischer und biologischer Zeitpunkte. Chronologisches Alter (CA), manchmal auch kalendarisches Alter genannt, anagrafisch und mathematisch, wird vom biologischen Alter (BA) entkoppelt, einem fließenden Maß für den Grad des altersbedingten Rückgangs, den ein Individuum erfährt. In diesem Rahmen können routinemäßige medizinische Labortests als Teil moderner Hochdurchsatz-Screening-Technologien für Genomik, Transkriptomik, Proteomik,

Mikrobiomik und Metabolomik genutzt werden und so zur integrativen Analyse biologischer Ereignisse wie der Seneszenz beitragen.

Ideale Biomarker sollten in der Lage sein, die individuelle altersspezifische Mortalität und altersassoziierte Pathologie zusätzlich und besser als das chronologische Alter allein vorherzusagen. Sie sollten als Metriken und Risikofaktoren dienen. Solche Anforderungen spiegeln auch Herausforderungen bei der Auswahl geeigneter Biomarker wider. Da erwartet wird, dass ein Biomarker des biologischen Alters mit dem chronologischen Alter korreliert, ist man versucht, die höchste Korrelation als Auswahlkriterium zu verwenden. Dennoch könnte man auch die Notwendigkeit infrage stellen, einen anderen Biomarker als den typischen für das chronologische Alter zu verwenden. Dieser Konflikt wurde als das „Biomarker-Paradoxon" bezeichnet. Andere Anwendungen außerhalb der Geriatrie sind die forensische Nutzung von Biomarkern zur Festlegung eines unbekannten chronologischen Alters oder die Beurteilung des Gesundheitszustands eines gesunden Individuums oder eines Patienten. Darüber hinaus wird erwartet, dass der „positive prädiktive Wert" eines spezifischen Biomarkers schwächer wird, da die biologische Heterogenität in der älteren Bevölkerung im Vergleich zu jüngeren chronologischen Altersperioden zunimmt.

Die biologischen Ursachen oder Kennzeichen („hallmarks") der Gesundheit umfassen räumliche Kompartimentierung, die Aufrechterhaltung der Homöostase über die Zeit und angemessene Reaktionen auf Stress; die Störung eines dieser miteinander verbundenen Merkmale ist im Allgemeinen pathogen. Die Kennzeichen („hallmarks") können in primäre, antagonistische und integrative Kennzeichen („hallmarks") gruppiert werden, die sowohl den anabolen als auch den katabolen Stoffwechsel beeinflussen und die Langlebigkeit steuern. Für jedes dieser Kennzeichen („hallmarks") wurden spezifische Biomarker beim Menschen vorgeschlagen. Die Kennzeichen des Alterns („hallmarks of aging") können auch die Entwicklung von Stellvertretern des biologischen Alters leiten, die großes Potenzial für die translationale Forschung im klinischen Umfeld haben. Es bleibt noch viel zu tun, aber mehrere Ansätze könnten bereits umsetzbar sein. DNAm ist kürzlich als Grundlage der sogenannten epigenetischen Uhr aufgetaucht. DNAm wird als spezifischer Marker des biologischen Alters interpretiert und zeigt eine starke Assoziation mit Multimorbidität, Gesundheitsspanne, Lebensspanne, Gebrechlichkeit und Mortalität.

Das menschliche Immunsystem und seine Seneszenz (Immunoseneszenz) sind von größter Bedeutung im Alterungsprozess. In einer relevanten Studie wurden Multi-Omics-Technologien verwendet, um über 9 Jahre hinweg 135 gesunde Erwachsene longitudinal zu verfolgen. Die Daten bildeten einen höherdimensionalen Trajektorien Marker (IMM-AGE), der den individuellen Immunstatus besser als das chronologische Alter beschreibt. Eine hohe interindividuelle Heterogenität wurde beobachtet, was zeigt, dass jeder Mensch unterschiedlich altert [5].

Eine besondere Erwähnung erfordert „Inflammaging" (chronische, sterile, niedriggradige Entzündung), das unter das Kennzeichen der veränderten zellulären Immunologie fällt. Vegane Ernährung, Suchtmittel-Abstinenz und mediterrane Ernährung haben sich als wirksam erwiesen, um Inflammaging zu reduzieren. Es gibt 4 Labortests, die kürzlich von Harvard empfohlen wurden, da Entzündung als Treiber des Alterns oder „Inflammaging" direkt oder indirekt durch viele der Kennzeichen des Alterns verursacht zu sein scheint und möglicherweise auch die globale Belastung des

## 9.5 Altern, Kennzeichen und Biomarker

Alterungsprozesses erfasst, da Entzündung stumm und unerkannt sein kann. Die 4 Tests sind Erythrozytensedimentationsrate, C-reaktives Protein, Ferritin und Fibrinogen: Sie sind die 4 häufigsten Tests zur Untersuchung von Entzündungen. Es wurden Anstrengungen unternommen, bekannte und neue Biomarker zu nutzen, um Indizes des biologischen Alters zu erstellen. So wurden beispielsweise Symptome, Krankheitsanzeichen, wichtige Labor-Routineuntersuchungen, Krankheitsklassifikationen und Behinderungen zu einem Frailty-Index (FI, Gebrechlichkeitsindex) zusammengefasst, der als Indikator für das globale Altern gilt. Der Gebrechlichkeitsindex (FI), definiert als „ein Verhältnis der Anzahl der Gesundheitsdefizite, die Individuen angesammelt haben, zur Gesamtzahl der in der Datenbank oder einer Studie verfügbaren Defizite", wurde 2001 von Mitnitski und Rockwood eingeführt und später von den Autoren weiterentwickelt [6]. Entlang unserer vorläufigen funktionalen Definition des Alterns wurden mehrere Panels von Experten definiert und umfassen Biomarker der physiologischen, endokrinen, physischen, kognitiven und immunologischen Funktionen.

Ein Ansatz, der uns Autoren besonders relevant erscheint, ist die Verwendung der weit verbreiteten, relativ kostengünstigen, standardisierten und klinisch validierten routinemäßigen Laboranalysen, die als Biomarker konzipiert sind und den in der Arbeit im SENIORLABOR verwendeten sehr ähnlich sind. Zusätzliche Informationen können sich aus der Berechnung des Verhältnisses verwandter Analyten ergeben. Diese Biomarker, die in größeren Bevölkerungsgruppen verfügbar sind, können zusammengesetzt und analysiert werden, um Signaturen des biologischen Alters zu extrahieren, die mit dem chronologischen Alter verglichen werden können. In Abb. 9.4 versuchen wir, eine unvollständige Liste dieser medi-

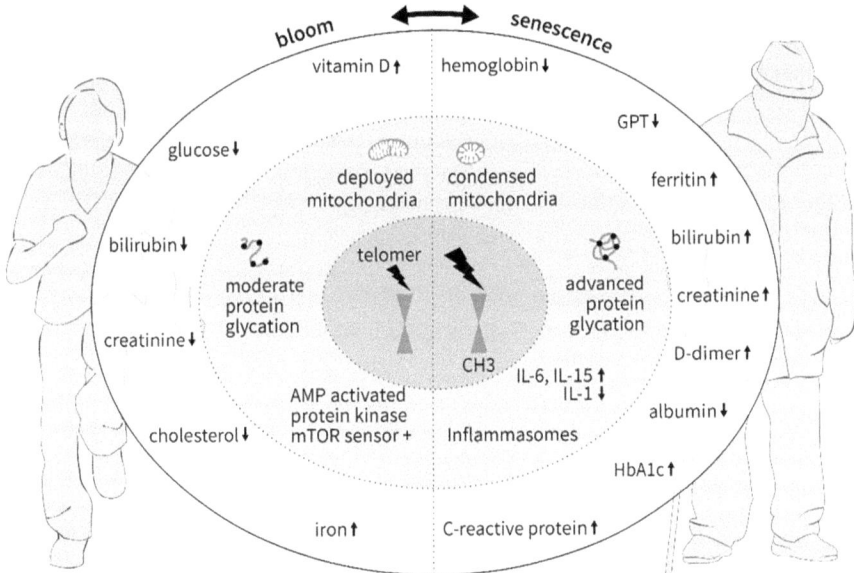

**Abb. 9.4** Ausrichtung von elementaren medizinischen Labortests. Ein guter Einstieg in die Daten mit der SENIORLABOR-Studie wäre die Vorhersage von Morbidität, wenn nicht sogar Mortalität, mit einer Reihe einfacher medizinischer Labortests [2]. (Copyright von KARGER, Basel, Schweiz)

zinischen Labortests mit detaillierten Merkmalen der zellulären Seneszenz in Einklang zu bringen [2].

Unter Verwendung von Daten aus der Long Life Family Study (LLFS)-Kohorte konnten 19 routinemäßige Laborbiomarker, nämlich hochsensitives C-reaktives Protein, Interleukin 6, N-terminales B-Typ natriuretisches Peptid, absolute Monozytenzahl, weiße Blutkörperchenzahl, Verteilungsbreite der roten Blutkörperchen, Transferrinrezeptor, mittleres korpuskuläres Volumen, Hämoglobin (Hb), glykosyliertes Hämoglobin (HbA1c), löslicher Rezeptor für das fortgeschrittene Glykationsendprodukt (sRAGE), Adiponektin (Adip), insulinähnlicher Wachstumsfaktor (IGF1), Gesamtcholesterin (T.Chol), Sexualhormon-bindendes Globulin (SHBG), Dehydroepiandrosteron-Sulfat (DHEA), Albumin (Album), Kreatinin und Cystatin C identifiziert werden, die mit wesentlichen altersbedingten physiologischen Funktionen in Verbindung stehen. Bis zu einem gewissen Grad konnten die Daten Veränderungen der körperlichen und kognitiven Funktionen, des Überlebens und des Risikos von Krebs-, Herz-Kreislauf- und Typ-2-Diabetes-mellitus-Erkrankungen vorhersagen [7].

## 9.6 Laboruntersuchungen als Biomarker des Alterns

Morgan Levine verwendete den Klemera & Doubal Regressionsalgorithmus, um die Sterblichkeit vorherzusagen, was möglicherweise besser als andere Algorithmen und informativer ist [8]. Die Algorithmen können auch verbessert werden, indem Biomarker unterschiedlicher Art (z. B. anthropometrische) in eine einzige Messung integriert werden. Levine etablierte dann das Konzept des „Phänotypischen Alters" und validierte die Assoziation mit der Gesamt- und Einzelursachenspezifischen Sterblichkeit, der Anzahl nosologischer Entitäten und der körperlichen Funktionsfähigkeit, die zusammen Morbidität und Mortalität vorhersagen. Das phänotypische Alter wurde unter Verwendung des chronologischen Alters (CA) und 9 Biomarkern, die in Standard-Routinelabors leicht verfügbar sind (Albumin, Kreatinin, Glukose, CRP, Prozent Lymphozyten, mittleres korpuskuläres Volumen, Verteilungsbreite der roten Blutkörperchen, alkalische Phosphatase und weiße Blutkörperchenzahl), mit einem Cox-Proportional-Hazard-Elastic-Net-Modell für die Sterblichkeit und der „Parametrisierung von 2 Gompertz-Proportional-Hazard-Modellen – eines mit allen 10 ausgewählten Variablen und das andere nur mit dem chronologischen Alter" berechnet. Darüber hinaus entwickelte Levine unter Verwendung von Daten aus der CHIANTI-Kohorte und der Regression des phänotypischen Alters auf Blut-DNAm-Daten einen neuen epigenetischen Biomarker des phänotypischen Alters namens „DNAm PhenoAge". Das phänotypische Alter wurde kürzlich auch in eine longitudinale Untersuchung des Alterns auf individueller Ebene einbezogen, die verschiedene Alterungsmuster oder „Ageotypes" zeigt.

In einer Studie mit 1013 Teilnehmern der Canadian Study of Health and Aging wurde ein direkter Vergleich von 2 Messungen des BA (biologisches Alter) mit 3

Gebrechlichkeitsindizes (FI) vorgeschlagen, von denen einer aus Standard-Laborbluttests und Blutdruck konstruiert wurde. Ein spannender Aspekt der Studie war die Nicht-Einbeziehung von CA (chronologisches Alter) in die Formeln zur Bestimmung des Unterschieds zwischen BA und CA. Beziehungen zwischen Altern, Gebrechlichkeit und Sterblichkeit wurden weiter mit einem rechnerischen Modell auf Basis komplexer Netzwerkknoten untersucht [9].

In einer kürzlich durchgeführten genomweiten DNA-Methylierungs-Studie mit einer leicht abweichenden analytischen Strategie wurde eine neue Hochleistungsuhr (epigenetische Uhr, genannt GrimAge) entwickelt, indem chronologisches Alter, Geschlecht, DNAm-basierte Ersatzbiomarker für eine bestimmte Auswahl von Blutplasma-Proteinen (aus anfänglich 88, die durch Immunoassay gemessen wurden) und die Anzahl Packungsjahre (Zigarettenpackungen) kombiniert wurden [10]. Analysen der epigenetischen Uhr zeigten, dass schweres COVID-19 mit einem erhöhten DNAm-Alter und einem erhöhten Sterblichkeitsrisiko verbunden war, was die epigenetische Uhr weiter als Prädiktor für Krankheits- und Sterblichkeitsrisiko validiert. Eine altersbereinigte Version von DNAm GrimAge war mit verschiedenen altersbedingten Bedingungen, Lebensstilfaktoren und klinischen Biomarkern assoziiert. Es wurde gezeigt, dass sie besonders prädiktiv für die Zeit bis zum Tod, die Zeit bis zur koronaren Herzkrankheit und die Zeit bis zum Krebs ist. Da die Anzahl der Biomarker und der verschiedenen Messtechnologien in den kommenden Jahren voraussichtlich zunehmen wird, dürfte auch der Einsatz von auf Künstlicher Intelligenz basierenden Verfahren zunehmen (Abb. 9.5).

Vor mehr als zehn Jahren wurde die SENIORLABOR-Studie entworfen, um Referenzintervalle aktueller medizinischer Labortests zu etablieren, die für die

## Merkmale des angeborenen Immunsystems

| Humoral | Zellulär |
| --- | --- |
| C-reaktives Protein (CRP) | Dendritische Zellen |
| Inflammasom | Makrophagen |
| Humoraler Zweig des Komplementsystems | Angeborene lymphoide Zellen (ILC) |
| Intrazelluläres Komplementsystem (Complosome) | γδ Zellen |
| Komplement Rezeptoren CR1 (CD35), CR3 (CD11b/CD18) und CD4 (CD11c/CD18) | Toll-like-Rezeptoren |

**Abb. 9.5** Was die angeborene Immunität ausmacht. Diese Abbildung listet zahlreiche Laborparameter immunologischer Tests auf, welche derzeit (im Jahr 2025) vernachlässigt werden und ein großes Informationspotenzial für bestimmte Krankheiten bieten könnten

Validierung bei älteren Patienten geeignet sind [3]. Zu Beginn und bei unmittelbarer Auswertung wurden die Intervalle einer großen Anzahl routinemäßiger medizinischer Laboranalysen anhand von Quervergleichsdaten berechnet, wobei sie in Altersgruppen von 60–69 Jahren bei Studieneintritt, von 70–79 Jahren und über 80 Jahren einteilt wurden. Erst nach einiger Zeit begannen wir mit Nachbeobachtungen ohne zusätzliche Blutentnahmen zu arbeiten. Die Studie ist daher noch nicht abgeschlossen, da wir Fragebögen an die überlebenden Teilnehmer gesendet haben, um die Qualität der verbleibenden Lebensjahre mit den zu Beginn bestimmten Laborwerten in Beziehung zu setzen. Wir berichten hier über einen Teil der Ergebnisse und setzen sie in den Kontext der Geriatrie. In den meisten Ländern findet die wissenschaftliche Überwachung der Geriatrie beim Menschen jüngeren Ursprungs statt. Die medizinischen Bemühungen konzentrierten sich hauptsächlich auf lebensverlängernde Maßnahmen, meist ohne Nachuntersuchungen in medizinischen Labors, einem Bereich, der erst kürzlich erweitert wurde.

Als man 2008 das Studienprotokoll bei den zuständigen Behörden einreichte, hatten bereits einige Studien die Frage spezifischer RIs bei älteren Menschen behandelt. Die Zusammenfassung der RIs aus der damals gesichteten Literatur ist in Tab. 9.4 aufgeführt.

Im letzten Jahrzehnt haben viele Zentren die Genauigkeit von RIs überprüft. Viele Anbieter von Analysesystemen für routinemäßige Laboruntersuchungen stellen RIs für jeden gemessenen Parameter bereit, wobei ein hohes Maß an Geheimhaltung darüber besteht, wie sie gewonnen wurden. Die Stichprobengröße für gesunde Senioren, die für nicht-krankhafte Bedingungen qualifiziert sind, macht deutlich, dass eine unangemessen ausgewählte Referenzpopulation RIs beeinflussen kann. Die Stichprobengröße ist auch begrenzt, wenn Gruppenpartitionierung und Filter für die Auswertung angewendet werden müssen, wie z. B. für bestimmte eingenommene Medikamente, Filterung für Analyten, die mit dem angesprochenen verbunden sind, oder Partitionierung nach Geschlecht, Alter, Ethnizität, Menstruationszyklus oder durchlaufener Menopause/Andropause [11]. Die statistischen Methoden zur Etablierung der RIs, sobald die Daten produziert sind, sind verschachtelte Varianzanalysen (ANOVA) wahrscheinlich die Methode der Wahl, da sie in der Lage sind, mit mehreren Gruppen umzugehen und verschiedene Faktoren anzupassen. Ausreißer können mit der Box-Cox-Transformation identifiziert werden. Entweder RI oder Entscheidungsgrenze („Cutoffs") sollen vom Labor an den Kliniker gemeldet werden, aber nicht beide, gemäß einer Clinical Laboratory Standards Institute (CLSI) Guideline EP28-A3c-Anforderung.

Die SENIORLAB-Kohorte ist in Abb. 9.6 dargestellt. Betrachtet man den Altersgipfel der männlichen/weiblichen Verteilung, wird die längere Lebenserwartung, d. h. relative Häufigkeit, für Frauen in der SENIORLABOR-Studie im Vergleich zu Männern deutlich.

9.6 Laboruntersuchungen als Biomarker des Alterns

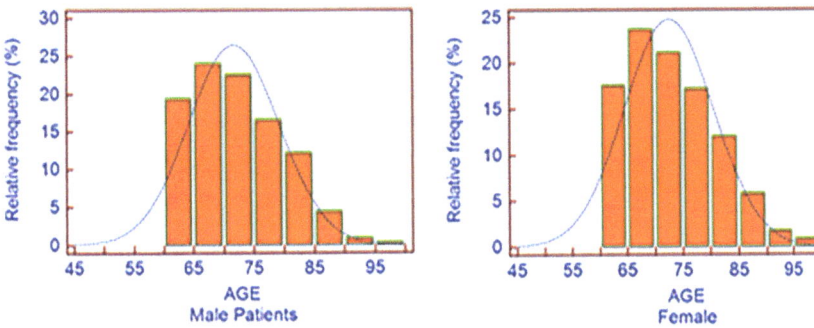

**Abb. 9.6** SENIORLABOR-Studie: Alter der Probanden. Die Teilnehmer der SENIORLABOR-Studie, die 2008 begann, wurden durch Zeitungsanzeigen, Schachclubs, Bergsteiger und Mundpropaganda rekrutiert. Sie wurden als Probanden für viele medizinische Labortests aufgenommen, nachdem sie einen Fragebogen mit Antworten bestanden hatten, die auf ihre Gesundheit hindeuteten – zumindest: das Fehlen von Krankheit (Male Patients - männliche Patienten, Female - weibliche Patienten). (Abbildung gezeichnet von Wolfgang Hermann, PhD)

### 9.6.1 Hämatologische und verwandte Aspekte

Hämoglobinkonzentrationen: Die Hämoglobinkonzentrationen, die wir in unserer SENIORLABOR-Studie an gesunden älteren Probanden gefunden haben, dienen als Richtlinie und sind ein entscheidender medizinischer Labortest zusätzlich zu routinemäßigen Untersuchungen in jedem Alter. Selbst Hundertjährige werden getestet. Ein Mensch produziert etwa 2 Mio. Blutzellen pro Sekunde, die aus hämatopoetischen Stammzellen (HSCs) stammen. Über dem Alter von 70 Jahren sinkt diese Produktion merklich [12]. Man kann den sauerstofftransportierenden Farbstoff Hämoglobin (Hb) mit dem $CO_2$-bindenden pflanzlichen Chlorophyll vergleichen, das eine Brücke von Pflanzen zu Tieren schlägt. Konzentrationen unter dem Referenzintervall von Hb können alles Mögliche sein, von einem Mangel an primärem Material für seine Synthese bis hin zu Blutverlust oder Eisenmangel. In den Kliniken ist der häufigste Grund für eine offensichtliche Anämie übermäßige, oft akute Blutungen aufgrund eines Unfalls oder Hypermenorrhoe. Ein kürzlich von der European Hematology Association im April 2022 veröffentlichter Fallbericht bringt uns auf den Zusammenhang mit der DNA-Reparatur:

Eine 33-jährige Frau wurde mit einer Panzytopenie (Anämie, Mangel an weißen Blutkörperchen und mangelhafter Thrombozytenkonzentration) vorgestellt. Sie hatte ein Vulvakarzinom, das mit einer Strahlentherapie behandelt wurde, die trotz der üblichen Bestrahlungsdosen zu schweren vaginalen Ulzerationen und perinealer Dermatitis führte. Als Kind wurde sie zweimal aufgrund einer schweren Neutropenie nach einer grippeähnlichen Erkrankung ins Krankenhaus eingeliefert. Bei ihr wurde auch eine Hufeisenniere während der Staging-Untersuchungen entdeckt. Ein Chromosomenbrüchigkeitstest zeigte Fehler in der DNA-Reparatur, die somit einen offensichtlichen Ausweg aus der natürlichen Seneszenz darstellten und die Erkrankung begünstigen. Patienten mit Fanconi-Anämie leiden klassischerweise an urogenitalen Fehlbildungen. Die geringe Körpergröße, die prominente Stirn, weit auseinanderstehende Augen, die nach oben gerichtete Nase und der unterentwickelte Unterkiefer sind weitere Merkmale dieser autosomal-rezessiven Krankheit, die erstmals 1927 von dem Schweizer Kinderarzt Guido Fanconi (1892–1979) beschrieben wurde. Fanconi-Anämie muss durch Chromosomenbruch in Blut oder Fibroblasten oder durch Keimbahn-Mutationsanalyse getestet werden (siehe Kap. 2). Eine hämatopoetische Stammzelltransplantation (Knochenmark, Nabelschnurblut oder periphere Blutstammzellen) kann aplastische Anämie heilen und ein myelodysplastisches Syndrom oder Leukämie verhindern. Zum Zeitpunkt dieses Schreibens kann man schätzen, dass bisher einhalb Millionen hämatopoetische Stammzelltransplantationen weltweit für kontinuierliche und differenzierte Verbesserungen im Zugang gesorgt haben – mit der Verwendung nicht identischer Familienspender – ein neuer Weg zur Behandlung von Bluterkrankungen, die nicht mit Seneszenz zusammenhängen – aber wann wird die Seneszenz einbezogen? Zurück zu den Diagnosen: Die häufigsten Formen der Anämie bei Berufstätigen sind mild mit Hämoglobinkonzentrationen zwischen 100 und 120 g/l, oft aufgrund von Eisenmangel oder Blutungen. Dies ist, was U. Nydegger annahm, als ein älterer Kollege ihn anrief und sagte: Mein Hämoglobinwert ist 108. U. Nydegger sagte ihm: Keine Sorge, das ist mild! Nehmen Sie eine kleine Dosis des damals verfügbaren oralen Eisens, – und 6 Monate später starb er. Dieser Fall beeindruckt uns, dass milde Anämien bei älteren Menschen als ein Problem angesehen werden sollten, das möglicherweise auf ein Knochenmarkversagen hinweist, insbesondere in Kombination mit (ebenfalls milder) Thrombozytopenie (Tab. 9.2 und 9.3).

Thrombozyten erfüllen bei der Blutstillung und auch bei der Blutgerinnung wichtige Aufgaben, spielen aber auch eine wesentliche Rolle bei unterschiedlichen immunologischen Interaktionen [13] (Tab. 9.4).

**Tab. 9.2** Hämoglobinkonzentrationen der Probanden in der SENIORLABOR-Studie in g/L

| Frauen | | | | | |
|---|---|---|---|---|---|
| Altersgruppe/ Anzahl | 2,5 Perzintil | 90 % Konfidenzintervall | 97,5 Perzintil | 90 % Konfidenzintervall | outliers (Außreiser) |
| **60–64/135** | 120 | 118–122 | 153 | 151–155 | 3 |
| **65–69/181** | 122 | 121–124 | 153 | 151–154 | 6 |
| **70–74/162** | 122 | 120–124 | 153 | 151–154 | 4 |
| **80–84/91** | 118 | 115–121 | 153 | 150–155 | 2 |
| **> = 85/62** | 114 | 111–117 | 149 | 146–152 | 4 |
| **Männer** | | | | | |
| **60–64/129** | 135 | 133–137 | 167 | 165–169 | 3 |
| **65–69/159** | 135 | 133–137 | 167 | 165–171 | 1 |
| **70–74/117** | 137 | 128–133 | 170 | 176–172 | 2 |
| **75–79/110** | 127 | 124–130 | 166 | 163–168 | 2 |
| **80–84/79** | 125 | 121–129 | 171 | 167–174 | 2 |
| **> = 85/37** | 116 | 112–121 | 160 | 154–166 | 0 |

## 9.6 Laboruntersuchungen als Biomarker des Alterns

**Tab. 9.3** Referenzintervalle und Medianwerte der Thrombozytenkonzentrationen ($\times 10^9$/l) in der SENIORLABOR-Studie

|  | Thrombozytenkonzentration ($\times 10^9$/L) | Medianwerte der Thrombozytenkonzentration ($\times 10^9$/L) |
|---|---|---|
| 95 % CI 60–69 | 152–380 | 230 |
| 95 % CI 70–79 | 135–351 | 228 |
| 95 % CI > 80 | 128–350 | 223 |
| 90 % CI 60–69 | 162–330 | ND |
| 90 % CI 70–79 | 148–331 | ND |
| 90 % CI > 80 | 140–320 | ND |

**Tab. 9.4** Referenzintervalle in der SENIORLABOR-Studie

| Analyt | Einheit | Für Routineuntersuchungen empfohlene Referenzintervalle | In der vorliegenden Studie ermittelte Referenzintervalle | Interpretation |
|---|---|---|---|---|
| Cholesterin | mg/dl | 5,2–6,2 | 3,4–8,1 | Leicht höhere Werte zulässig |
| Bilirubin | µmol/l | < 24 | < 24 | Kein Unterschied |
| Kreatinin | mmol/l | 44–80 | 52–124 | Leicht höhere Werte zulässig |
| Glukose | mmol/l | 3,9–5,6 |  | Leicht höhere Werte zulässig |
| Elektrolyte |  |  |  | Kein Unterschied |
| TSH | mU/l | 0,50–4,3 | 0,44–4,1 | Leicht niedrigere Werte zulässig |
| Eisen | µg/l | 5,4–19,0 | 10,0–30,0 | Leicht höhere Werte zulässig |
| Ferritin | mg/l | 14,0–152,0 | 18,0–295,0 | Leicht höhere Werte zulässig |
| Hämoglobin | g/l | 120–156 | 114–152 | Leicht niedrigere Werte zulässig |

Das 95 %-Konfidenzintervall für die drei Altersgruppen zeigt eine Tendenz zu niedrigeren Werten mit zunehmendem Alter. Keiner der Teilnehmer hatte eine offensichtliche Thrombozytopenie (Abb. 9.7). Zu Beginn der neuen Ära im Labor glauben wir, dass selbst eine milde Abnahme der Thrombozytenkonzentration genauer monitorisiert werden sollte. Thrombozytenparameter gehören zu den am häufigsten bestimmten Laborparametern in der Medizin. Eine abnormale Thrombozytenzahl kann ein isoliertes Frühstadium eines Symptoms einer schweren Erkrankung sein (zum Beispiel Karzinom). Derzeit verwenden medizinische Labore geschlechts- und altersunabhängige Referenzintervalle. Die derzeit verwendeten Referenzintervalle wurden nicht mit Senioren evaluiert, und es sind nur spärliche Daten verfügbar.

In einer an der Universität Liechtenstein durchgeführten Studie wurde eine Dissertation evaluiert und ein neuer Standard für Referenzintervalle für Thrombozytenparameter festgelegt. Die folgenden vier Thrombozytenparameter wurden untersucht: Thrombozytenzahl, mittleres Thrombozytenvolumen (MPV),

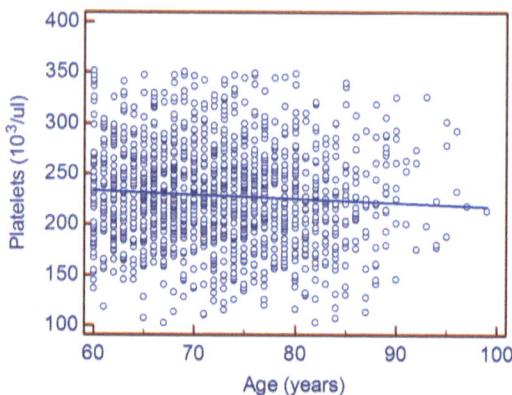

**Abb. 9.7** Gemessene Thrombozytenkonzentrationen aus der SENIORLABOR-Studie. Bitte beachten Sie, dass die Regressionsanalyse einen leichten Rückgang mit zunehmendem Alter zeigt. (Abbildung gezeichnet von Wolfgang Hermann, PhD)

Thrombozytenverteilungsbreite (PDW) und Thrombozytenhämatokrit (PCT), die jetzt mit Hämatologie-Automaten gemessen werden. Das Kernziel des SENIOR-LABOR war es, altersspezifische Referenzintervalle für Senioren ab 60 Jahren mit Fokus auf die Thrombozytenparameter zu definieren. Nach der Untersuchung auf eine Assoziation von Alter, Geschlecht und Thrombozytenzahlen wurden Partitionen definiert. Dann wurden die Referenzintervalle nach der robusten Methode gemäß der CLSI (Clinical Laboratory Standards Institute)-Richtlinie EP28-A3c evaluiert. Diese Referenzintervalle wurden mit indirekten Methoden validiert. Die Referenzgrenzen wurden mit der Software: Reference Limit Estimator der Deutschen Gesellschaft für Klinische Chemie und Laboratoriumsmedizin (DGKL) bestimmt. Zusätzlich zur direkten und indirekten Bewertung der Referenzgrenzen wurden die Ergebnisse mit den spärlichen Daten aus der medizinischen Literatur verglichen. Somit wurde diese direkte Bewertung der Referenzintervalle durch zwei unabhängige Methoden validiert, d. h. indirekte Methode und Literaturrecherche. Eine bevölkerungsbasierte Studie wurde dann im Fürstentum Liechtenstein assoziiert, wo 42 % aller Senioren ab 60 Jahren mindestens eine Thrombozytenzahl verfügbar hatten [14]. In diesem Rahmen wurde der Effekt der Änderung der Referenzintervalle von alters- und geschlechtsunabhängigen Referenzgrenzen zu alters- und geschlechtsstratifizierten Entscheidungsgrenzen auf die Häufigkeit abnormaler Thrombozytenzahlen untersucht. Frauen hatten signifikant höhere Thrombozytenzahlen als Männer. Die untere Referenzgrenze bei Männern nahm mit zunehmendem Alter ab. Die obere Referenzgrenze für beide Geschlechter und die untere Referenzgrenze für Frauen änderten sich mit dem Alter nicht. Die festgelegten Referenzintervalle für Thrombozytenzahlen basierend auf der Untersuchung bei 1203 Teilnehmern zeigten, dass die Änderung der Referenzgrenzen von alters- und geschlechtsunabhängigen zu alters- und geschlechtsstratifizierten Entscheidungsgrenzen eine viel ausgewogenere Häufigkeit von Fällen mit Thrombozytopenie und Thrombozytose brachte. Ein Überblick über die Referenzgrenzen in medizinischen Laboren von zentralen Krankenhäusern in der Schweiz und Österreich zeigte, dass derzeit die meisten Institutionen alters- und geschlechtsunabhängige Referenzintervalle verwenden. Die obere Referenzgrenze in diesen Institutionen der Schweizer und von Österreich liegt wesentlich höher als die in der vorliegenden Studie evaluierte obere Referenzgrenze. Die Studie fand alters- und geschlechtsunabhängige Referenzintervalle für MPV und PDW in Bezug auf Thrombozytenindizes.

Unsere Schlussfolgerungen, die durch andere Studien bestätigt werden, sind, dass Frauen höhere Thrombozytenzahlen als Männer haben. Darüber hinaus zeigen Männer niedrigere Referenzgrenzen, die mit zunehmendem Alter abnehmen. Thrombozytenindizes zeigen ein alters- und geschlechtsunabhängiges Verhalten der Referenzintervalle. Die Verwendung von alters- und geschlechtsabhängigen Referenzintervallen für Thrombozytenzahlen führt zu einer viel ausgewogeneren Häufigkeit von Thrombozytose- und Thrombozytopenie-Fällen im Vergleich zu herkömmlichen alters- und geschlechtsunabhängigen Referenzintervallen. Die Anwendung von alters- und geschlechtsabhängigen Referenzintervallen anstelle der herkömmlichen Referenzintervalle führt zu einer erhöhten Häufigkeit von Patienten mit Thrombozytose. Dies kann einer verzögerten Diagnose der zugrunde liegenden Erkrankung entgegenwirken. Die Anwendung von alters- und geschlechtsunabhängigen Referenzintervallen bei Senioren kann als obsolet angesehen werden und sollte daher in der klinischen Routine aufgegeben werden.

## 9.7 Ferritin

Die Bedeutung des Serumproteins Ferritin, zusätzlich zu seinem Eisenspeicher- und Akute-Phase-Reaktanten-Status, wurde kürzlich in den Kontext seiner proinflammatorischen Aktivität und seiner Interaktion mit der Inflammasombildung gestellt (Abb. 9.5). Bei Säugetieren haben die Heteropolymere zwei Untereinheiten, schweres H und leichtes H (183 und 175 Aminosäuren), die sich selbst zu dreikernigen Eisenclustern zusammenfügen, die in einen 8 nm großen Hohlraum hineinwachsen, der von einer Proteinhülle mit 12 nm Außendurchmesser umgeben ist. Im Falle von Hyperferritinämie schließen Kliniker zunächst Alkoholismus, Entzündungssyndrom, Zytolyse und das metabolische Syndrom aus. Keiner dieser möglichen Hintergründe für eine Hyperferritinämie ist mit einer erheblichen hepatischen Eisenüberladung verbunden, es sei denn, eine hereditäre Hämochromatose ist für eine erhöhte Transferrinsättigung verantwortlich. Bei blutenden Patienten mit Polyzythämie oder bei Patienten mit Erythroleukämie (M6 akute myeloische Leukämie), auf jeden Fall mit Siderose, muss nicht nur die Zahl der roten Blutkörperchen, sondern auch die Hyperferritinämie gesenkt werden. Man setzt hierbei die Häufigkeit der therapeutischen Blutungen in Beziehung zu einem Plasmaferritinspiegel von < 50 ng/ml. Ein erhöhter Eiseneinbau in das Ferritin-Homopolymer der schweren Kette (FtH) führt zu einer verringerten zellulären Eisenverfügbarkeit, verminderten Spiegeln der zytosolischen Katalase und der Superoxiddismutase (SOD1)-Proteine, einer erhöhten Produktion reaktiver Sauerstoffspezies (ROS) und höheren Spiegeln oxidierter Proteine. Die pathophysiologischen Konsequenzen eines L-Ferritin-Mangels beim Menschen wurden kürzlich in Verbindung mit dem Restless-Legs-Syndrom gebracht, es sei denn, es spiegelt einen Eisenmangel für sich allein wider [15]. In der sorgfältig ausgewählten Referenzpopulation, unter Ausschluss von Teilnehmern vor der Bewertung: CRP > 10 mg/L, ALAT > 35 U/L, Transferrinsättigung > 50 %, zeigt das Ferritin-Referenzintervall ein allgemeines spezifisches Verhalten: Während altersunabhängige Referenzintervalle für männliche Senioren verwendet werden können, ist die Altersstratifizierung der Referenzintervalle bei Frauen offensichtlich. Wir schlagen ein Ferritin-Referenzintervall von 20–280 mg/ml für Frauen vor. Für Männer im Alter von 60 Jahren oder älter schlagen wir ein Ferritin-Referenzintervall von 30–500 mg/ml vor.

## 9.8 Glukosestoffwechsel

Wir schätzten die Prävalenz von vermutlich unbekanntem gestörtem Glukosestoffwechsel, auch als Prädiabetes (PreD) bezeichnet, und unbekanntem Typ-2-Diabetes mellitus (T2DM) bei subjektiv gesunden Schweizer Senioren [16]. Die Nüchternplasmaglukose (FPG) und das glykierte Hämoglobin A1c (HbA1c) wurden zur Untersuchung verwendet. Wir betrachteten insgesamt 1362 Probanden (613 Männer und 749 Frauen; Altersbereich 60–99 Jahre). Probanden mit bekanntem T2DM wurden ausgeschlossen. Die Nüchternplasmaglukose wurde sofort zur Analyse unter standardisierten präanalytischen Bedingungen in einer Querschnittskohortenstudie verarbeitet; die Plasmaglukosespiegel wurden mit dem Hexokinase-Verfahren gemessen, und HbA1c wurde chromatografisch gemessen und nach den aktuellen Kriterien der American Diabetes Association (ADA) klassifiziert. Die grobe Prävalenz von Personen, die sich ihrer prädiabetischen FPG- oder HbA1c-Werte nicht bewusst waren, betrug 64,5 % (n = 878). Analog dazu wurde unbekannter T2DM bei 8,4 % (n = 114) gefunden. Basierend auf den HbA1c-Kriterien allein konnten signifikant mehr Probanden mit unbekannter FPG-Beeinträchtigung und Labor-T2DM identifiziert werden als mit der FPG allein. Die Prävalenz von PreD sowie von T2DM nahm mit dem Alter zu. Die pathologischen Laboranalysen für einen gestörten Glukosestoffwechsel und in geringerem Maße unbekannter T2DM haben eine hohe Prävalenz bei subjektiv gesunden älteren Schweizer Individuen. Die Identifizierung von Personen mit unbekannten, außerhalb des Bereichs liegenden Glukosewerten und offensichtlicher diabetischer Hyperglykämie mit Hilfe der Laboranalytik könnte die Prognose verbessern, indem das Auftreten offensichtlicher Krankheiten verzögert wird.

Im Verlauf der gesamten Entwicklung von SENIORLABOR haben diejenigen, die mit den Studienteilnehmenden kommunizieren, einen Lernprozess durchlaufen, um Laborergebnisse bei scheinbar gesunden Senioren zu übermitteln. Die wenigen abweichenden Werte, die wir fanden, wurden den Teilnehmenden und seinem Arzt sofort mitgeteilt, sodass ein zweiter Test bei einer nachfolgenden Blutentnahme zur Bestätigung/Widerlegung durchgeführt wurde. Der Teilnehmende war weniger erschrocken, wenn eine Analyse in den Kontext der Seneszenz eingeordnet werden konnte, wie es bei leicht erhöhten HbA1c- oder CRP-Werten der Fall ist, die jetzt für eine diskrete Erhöhung bei Senioren bestätigt wurden. In der PolSenior-Studie, die an über 4000 Senioren über 65 Jahren durchgeführt wurde, waren die IL-6- und CRP-Werte bei altersbedingten Krankheiten/Behinderungen höher und bei erfolgreich alternden Individuen niedriger. Erhöhte IL-6- und CRP-Werte wurden mit schlechterer körperlicher Leistung und fortschreitender Glykation in fortgeschrittenen Glykationsendprodukten in Verbindung gebracht, die nichtenzymatische Modifikationen von Proteinen oder Lipiden bei physiologischer Zuckerexposition darstellen und gelegentlich im Gewebe akkumulieren [17].

## 9.9 Referenzintervalle aus der SENIORLABOR-Studie

Mit der Hilfe von Künstlicher Intelligenz bilden Laboranalysen eine der wichtigsten Säulen, um Computer mit einer immer größer werdenden Vielfalt an Daten zu versorgen. Nicht nur medizinische, sondern auch wesentliche biologische Themen wie Embryogenese, Reifung und Seneszenz werden angesprochen und warten darauf, von einer immer größer werdenden Gemeinschaft von Wissenschaftler:innen erforscht zu werden, die jetzt auf weltweit 2 Mio. Forschende geschätzt wird. Die Fähigkeiten, die hierbei voraussichtlich stärker nachgefragt werden, umfassen zwischenmenschliche, höherwertige kognitive Systemfähigkeiten, um mithilfe von KI Daten zielgerecht bearbeiten zu können. Eine außergewöhnliche Menge an Informationen muss zusammenkommen, um zu verstehen, wie Krankheiten entstehen. Mit schneller und kostengünstiger Gen-Sequenzierung ergründen DNA- und RNA- Forschende jetzt alle „omes". Das Genom ist das vollständige Set von Genen (www.proteinatlas.org). Das Transkriptom, die Gesamtheit aller aus den Genen hergestellte RNA der Zelle ist einer der Forschungsschwerpunkte. Das Metabolom, die Stoffwechsel-Eigenschaften einer Zelle: kleine Moleküle wie Zucker, Fettsäuren und Aminosäuren, die an zellulären Prozessen beteiligt sind oder durch diese erzeugt werden, und das Fluxom: die Untersuchung von Stoffwechselreaktionen, deren Raten unter verschiedenen Bedingungen und im zeitlichen Ablauf variieren können, werden untersucht. Diese beiden „omes" haben nichts mit schneller und kostengünstiger Sequenzierung zu tun, sind jedoch hochaktuelle wissenschaftliche Bereiche in der Forschung. Der Human Protein Atlas hat jetzt eine hochauflösende Karte der Standorte von mehr als 12.000 Proteinen aufgenommen. Datengetriebene Medizin wird ein unermesslich wertvolles Werkzeug zur Verbesserung und Personalisierung der Gesundheitsversorgung sein.

Die Einbeziehung älterer Menschen mit hämatologischen Erkrankungen in klinische Studien muss verbessert werden. Laut einer auf der Jahrestagung 2017 der American Society of Hematology (ASH) vorgestellten Studie ist diese Population in klinischen Studien zu Blutkrebs unterrepräsentiert. Mit nur wenigen Patienten im Alter von 75 Jahren oder älter, die in klinische Studien aufgenommen wurden, müssen wichtige Informationen über die Sicherheit und Wirksamkeit neuer Therapien in dieser Altersgruppe verbessert werden. Dies betrifft auch medizinische Labortests, wenn altersspezifische Referenzintervalle generiert werden sollen. Das Ausmaß der Diskrepanz ist besonders besorgniserregend, da erwartet wird, dass die Zahl der Erwachsenen im Alter von $\geq$ 75 Jahren, bei denen hämatologische Malignome diagnostiziert werden, mit dem Alter der Bevölkerung steigt. Derzeit ist 1 von 5 Patienten, bei denen die meisten Blutkrebserkrankungen diagnostiziert werden, 75 Jahre oder älter.

Dr. Kanapuru forderte die Kliniker auf, ältere Patienten trotz ihres Alters in klinische Studien aufzunehmen. Sie sagte, es sei wichtig, dass Kliniker die Eignung der Patienten für die Teilnahme an einer klinischen Studie auf der Grundlage ihrer Eigenschaften bewerten und sie nicht allein aufgrund ihres Alters ausschließen [18]. Ärzte könnten zögern, diese älteren Patienten einzuschreiben, weil sie sich nicht sicher sind, wie sie experimentelle Medikamente vertragen werden. Diese Population ist auch sehr heterogen. Man kann einen 75-Jährigen haben, der sehr gesund ist, und eine andere Person im gleichen Alter, die gebrechlich ist und viele Begleiterkrankungen hat. Die Autoren sagten, sie möchten sicherstellen, dass Onkologen sich der Inkonsistenzen bewusst sind, damit sie den Ergebnissen der Liquid Biopsy (Flüssigbiopsie) nicht blind vertrauen [19, 20].

In der Pädiatrie ändern sich die Referenzintervalle der Altersgruppen innerhalb relativ kurzer Zeiträume von Neugeborenen über das Kleinkind- und Kindesalter bis hin zur Pubertät und Adoleszenz. Ihre Berechnung ist mühsam, da gesunde Jugendliche nicht leicht für eine Blutentnahme zu gewinnen sind und man die Zustimmung der Eltern benötigt. Analyten wie CRP < 10 mg/l bis zu 10 Tage alt, danach < 5 mg/l wie Erwachsene oder Folsäure 14–51 nmol/l bis zu 1 Jahr alt, danach 3–35 nmol/l oder freie Fettsäuren zwischen 1–12 Monaten 0,5–1,6 nmol/l, dann von 7 bis 12 Jahren 0,2–1,1 nmol/l sind Beispiele für Analyten, die mit zunehmendem Alter erheblich variieren. Beeindruckend ist, dass der Kupfergehalt in den ersten 5 Lebenstagen 1,4–7,2 µmol/l beträgt und danach, vor allem nach dem ersten Lebensjahr, bei gesunden Kindern auf 11,9–30 µmol/l ansteigt – ein essenzielles Mikroelement, das in allen lebenden Organismen vorkommt und die einzigartige Fähigkeit besitzt, zwei verschiedene Redoxzustände einzunehmen – den oxidierten (Cu2+) und den reduzierten (Cu+) [21, 22]. Die Mehrheit der Referenzintervalle (RIs) für Erwachsene wird mit wiederholten Blutspendern erstellt, die detaillierte Fragebögen zu ihrer Gesundheit und ihrer Eignung zur Spende durchlaufen haben. Im Gegensatz dazu ist es nicht so einfach, gesunde ältere Personen als Spender für Proben zu rekrutieren, die RIs für Senioren etablieren, da die meisten von ihnen die Zugangshürden nicht überwinden können. Um Teil von SENIORLABOR zu werden, mussten gesunde Senioren bekannte Diabetes mellitus, bekannte Schilddrüsenerkrankungen, aktuellen Glukokortikoidgebrauch, aktive neoplastische Erkrankungen in den letzten 5 Jahren, den Konsum von mehr als 5 pharmakologisch aktiven Substanzen (Polypharmazie) und Krankenhausaufenthalte in den letzten 4 Wochen verneinen.

## 9.10 Das Komplementsystem

Als Teil des angeborenen Immunsystems ist das Komplementsystem ein multifaktorielles Protein- und Zellrezeptornetzwerk von enormer pathophysiologischer Bedeutung, das jedoch in klinischen Untersuchungen vernachlässigt wird (Abb. 9.8).

## 9.10 Das Komplementsystem

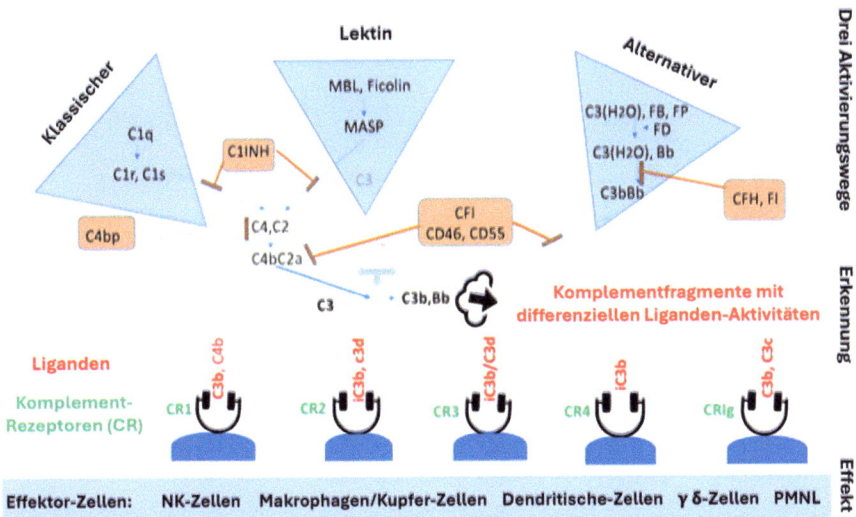

**Abb. 9.8** Das Komplementsystem mit seinen Zellrezeptoren. Der obere Teil der Abbildung zeigt die Eintrittsstellen mit der Proteinbezeichnung des klassischen, Lektin- und alternativen Weges. Der untere Teil zeigt die Zelloberflächenrezeptoren für die entsprechenden Liganden, die nach der Bindung das Signal an das Zellinnere (d. h. Zellkern und Mitochondrien) übertragen und der Zelle Anweisungen geben, was zu tun ist

Schaut man sich Abb. 9.8 aufmerksam an (Einträge auf der rechten Seite mit 3 Aktivierungswegen, Erkennung und Effekt), dann sieht man die geniale Schöpfung der Natur, d. h. die Interaktion dessen, was in der flüssigen Phase (Blutplasma, Synovialflüssigkeit, Schleimschichten der Schleimhäute, unter anderem) und den Zellen passiert. Diese tragen Rezeptoren, Strukturen, die spezifisch den kognaten Liganden erkennen. Aber das ist noch nicht alles: Sobald der Ligand an seinen Rezeptor bindet, idealerweise mit hoher Affinität, feuert die Zelle Effektorfunktionen ab, die explizit für diesen Zelltyp gelten. Über die Seneszenz dieser Interaktionen gibt es nur wenig Literatur, weshalb wir das Komplementsystem (C-System), das mit Start – (Faktor B, C3, C4, C1, Faktoren C5–C9) und Stopp-Proteinen (C1-Inhibitor, Faktor H, Faktor I) ausgestattet ist, am Ende unseres Buches erwähnen. Das auf dem Labortisch hitzelabile Komplement wurde vor 100 Jahren im Institut Pasteur in Paris (Frankreich) entdeckt und sofort am Robert-Koch-Institut bestätigt und hat seitdem das Interesse vieler Forscher geweckt. Das 18. Europäische Treffen 2022 über das Komplementsystem in menschlichen Krankheiten fand in Bern, Schweiz, statt (www.emchd2022.com). Der Effektoreinfluss von Komplement ist die Lyse von Zellen – das Komplementsystem als Raubtier/Killer. Zusätzliche Funktionen des Komplementsystems sind Opsonisierung und Zelllyse und die Entfernung seneszenter Zellen im Körper. Die mehr als 30 verschiedenen Plasmaproteine kontrollieren hauptsächlich Entzündungsreaktionen. Sie erhalten die Homöostase und entfernen Immunkomplexe (Abfallentsorgungshypothese).

Drei Kaskaden, der klassische Weg, der MB-Lektin-Weg und der alternative, sind die Einstiege in die Aktivierung. Je nach Art des Erregers und weiteren Faktoren wird die beste Kaskade aktiviert. Die drei Kaskaden führen zur Aktivierung von C3 und zur Bildung des Membranangriffskomplexes, MAC. Das Komplementsystem ist an einer Reihe verschiedener Krankheiten beteiligt. Typischerweise führen Komplementdefizienzen zu Infektionsproblemen, wie z. B. einem defizienten MAC bei Neisseria-Infektionen. Systemische Lupus-Patienten sind ständig Immunkomplexen ausgesetzt, da ihnen C2 oder C4 oder C3 fehlen [23, 24]. Diese Defizite kehren das Gleichgewicht zwischen Induktion und Verhinderung von Entzündungen um.

Als U. Nydegger vor Jahren von seinem Krankenhausjob in den Ruhestand ging, war sein Büro in der Nähe der augenärztlichen Ambulanz, und es gab auffällige Zahlen von älteren Menschen, die die Ambulanz besuchten. Dies kam von einem plötzlichen Interesse der augenärztlichen Kollegen am C-System, ihre ambulanten Patienten litten unter Sehverlust. So wurde die altersbedingte Makuladegeneration (AMD) zunächst einer Dysfunktion von CFH (Komplementfaktor H) zugeschrieben, aber es ist komplizierter, da das gesamte C-System beteiligt ist. GWAS (siehe Glossar) hat gezeigt, dass das Komplement tatsächlich eine entscheidende Rolle bei AMD spielt und dass betroffene Patienten eine Reihe von Risikovarianten aufweisen, wie Mutationen von Faktor H, C2, Faktor B und/oder C3 [25]. Der erste Einzelnukleotid-Polymorphismus (SNP) ist SNP rs1061170 für CFH. Andere Polymorphismen, wie ARMS2/HTRA1, sind Variantenallele. Ob diese genomischen Diversitäten therapeutische Ziele sein werden, ist ein Thema intensiver Forschung. Natürlich wurde Eculizumab, ein monoklonaler Antikörper, der am effizientesten beim hämolytischen nephrotischen Syndrom ist, der mit hoher Affinität an das Komplementprotein C5 bindet, wodurch seine Spaltung in C5a und C5b verhindert und die Bildung des terminalen Komplementkomplexes C5b-9 verhindert wird, sofort auf Wirksamkeit untersucht. Die Pharmaindustrie, wie Pfizer Ophthalmics, hört nie auf, Fortschritte auf diesem Gebiet zu berichten. Für den Moment können wir Autoren, U. Nydegger und Th. Lung, nur spekulieren und haben dies getan, ob die Infektionskrankheit COVID-19, die ältere Menschen stärker trifft als die arbeitende Bevölkerung, zumindest teilweise aus einem Ungleichgewicht des Komplementsystems mit erblichen genetischen Defekten resultiert, die eine Überreaktion der Atemwegsentzündung ermöglichen [26].

## Literatur

1. Roy A, Kumar A (2022) Supraphysiological activation of TAK1 promotes skeletal muscle growth and mitigates neurogenic atrophy. Nat Commun [Internet] 13(1):2201. https://doi.org/10.1038/s41467-022-29752-0
2. Lung T, Di Cesare P, Risch L, Nydegger U, Risch M (2021) Elementary laboratory assays as biomarkers of ageing: support for treatment of COVID-19? Gerontology Gerontology [Internet] 67(5):503–516. https://doi.org/10.1159/000517659
3. Risch M, Sakem B, Risch L, Nydegger UE (2018) The SENIORLAB study in the quest for healthy elderly patients. 42(4):109–120. https://doi.org/10.1515/labmed-2018-0034
4. López-Otín C, Blasco MA, Partridge L, Serrano M, Kroemer G (2013) The hallmarks of aging. Cell 153(6):1194–1217
5. Alpert A, Pickman Y, Leipold M, Rosenberg-Hasson Y, Ji X, Gaujoux R et al (2019) A clinically meaningful metric of immune age derived from high-dimensional longitudinal monitoring. Nat Med 25(3):487–495

# Literatur

6. Mitnitski A, Rockwood K (2019) The problem of integrating of biological and clinical markers of aging. In: Biomarkers human aging. Springer, Cham, S 399–415
7. Sebastiani P, Thyagarajan B, Sun F, Schupf N, Newman AB, Montano M et al (2017) Biomarker signatures of aging. Aging Cell 16(2):329–338
8. Levine ME (2013) Modeling the rate of senescence: can estimated biological age predict mortality more accurately than chronological age? J Gerontol Ser A Biomed Sci Med Sci 68(6):667–674
9. Mitnitski A, Howlett SE, Rockwood K (2017) Heterogeneity of human aging and its assessment. J Gerontol Ser A Biomed Sci Med Sci 72(7):877–884
10. Rezwan FI, Imboden M, Amaral AFS, Wielscher M, Jeong A, Triebner K et al (2020) Association of adult lung function with accelerated biological aging. Aging (Albany NY) 12(1):518
11. Miller WG, Horowitz GL, Ceriotti F, Fleming JK, Greenberg N, Katayev A et al (2016) Reference intervals: strengths, weaknesses, and challenges. Clin Chem 62(7):916–923
12. Mitchell E, Spencer Chapman M, Williams N, Dawson KJ, Mende N, Calderbank EF, et al (2022) Clonal dynamics of haematopoiesis across the human lifespan. Nature [Internet] 606(7913):343–350. https://doi.org/10.1038/s41586-022-04786-y
13. Nydegger U, Imbach P (2025) Platelet immune interactions, lifespan, and senescence. OBM Geriatrics 9(1). https://doi.org/10.21926/obm.geriatr.2501297
14. Hermann W, Risch L, Grebhardt C, Nydegger UE, Sakem B, Imperiali M et al (2020) Reference intervals for platelet counts in the elderly: results from the prospective SENIORLAB study. J Clin Med 9(9):2856
15. Cozzi A, Santambrogio P, Privitera D, Broccoli V, Rotundo LI, Garavaglia B, et al (2013) Human L-ferritin deficiency is characterized by idiopathic generalized seizures and atypical restless leg syndrome. J Exp Med [Internet] 210(9):1779–1791. https://doi.org/10.1084/jem.20130315
16. Medina Escobar P, Sakem B, Risch L, Risch M, Grebhardt C, Nydegger UE et al (2019) Glycaemic patterns in healthy elderly individuals and in those with impaired glucose metabolism – exploring the relationship with nonglycaemic variables. Swiss Med Wkly 149:w20163
17. Puzianowska-Kuźnicka M, Owczarz M, Wieczorowska-Tobis K, Nadrowski P, Chudek J, Slusarczyk P et al (2016) Interleukin-6 and C-reactive protein, successful aging, and mortality: the PolSenior study. Immun Ageing 13:21
18. Tuchman SA, Shapiro GR, Ershler WB, Badros A, Cohen HJ, Dispenzieri A, et al (2014) Multiple myeloma in the very old: an IASIA conference report. Vol. 106, Journal of the National Cancer Institute
19. Rothenberg ML, Johnson DH (2017) Conflict of interest, conflicting interests, and effective collaboration between academia and industry on preclinical and clinical cancer research. JAMA Oncol 3(12):1621–1622
20. Borysowski J, Lewis ACF, Górski A (2021) Conflicts of interest in oncology expanded access studies. Int J Cancer 149(10):1809–1816
21. Kraemer R, Schöni MH (Hrsg.) (2005) Berner Datenbuch Pädiatrie, Bern: Hans Huber Verlag (heute Verlag). S 951
22. Hordyjewska A, Popiołek Ł, Kocot J (2014) The many „faces" of copper in medicine and treatment. Biometals 27(4):611–621
23. Ballanti E, Perricone C, Greco E, Ballanti M, Di Muzio G, Chimenti MS et al (2013) Complement and autoimmunity. Immunol Res 56(2–3):477–491
24. Macedo ACL, Isaac L (2016) Systemic lupus erythematosus and deficiencies of early components of the complement classical pathway. Front Immunol 7:55
25. Armento A, Ueffing M, Clark SJ (2021) The complement system in age-related macular degeneration. Cell Mol Life Sci 78(10):4487–4505
26. Lung T, Sakem B, Risch M, Nydegger U (2021) Convalescent blood plasma (CBP) donated by recovered COVID-19 patients – a comment. Transfus Apher Sci 60(3):103108
27. Lung SH, Lung T (2025) Advancing Single-Cell Detection of Senescent Cells: Laboratory Methods and Clinical Applications. OBM Geriatrics 2025; 9(2): 307; doi:10.21926/obm.geriatr.2502307.

# Geroprotektor 10

*Cupidus Rerum Novarum*
*Orandum est, ut sit mens sana in corpore sano*
*Wir müssen danach streben, eine gesunde Seele in einem*
*gesunden Körper zu bewahren*

*(Juvenal, Satire 10 (etwa 60–140 Jahre nach JC))*

## 10.1 Technische und medizinische Möglichkeiten

Geroprotektoren sind darauf ausgelegt, den Beginn von gleichzeitigen altersbedingten Krankheiten (Multimorbidität) zu verzögern und die Widerstandsfähigkeit zu steigern (Abb. 10.1). In Tiermodellen können diese Medikamente Probleme des Herzens, der Muskeln, des Immunsystems und mehr abwehren. Und im Jahr 2014 berichteten Forscher über die Ergebnisse der ersten klinischen Studie eines Geroprotektors bei Menschen über 65: das Medikament RAD001 (Everolimus, Inhibitor des mTOR-Wegs) soll viele positive Dinge im Körper bewirken (http://agingpharma.org/).

Es gibt noch keinen Konsens über die Definition von Gebrechlichkeit, obwohl wir uns über ihre Nützlichkeit als klinischen Begriff zur Interpretation von medizinischen Laborergebnissen einig sind. Es gibt auch keine standardisierten Bewertungen von Gebrechlichkeit. Einige beschreiben eine Person als gebrechlich, wenn sie drei oder mehr der folgenden Merkmale aufweist: Schwäche, Langsamkeit, niedrige körperliche Aktivitätsniveaus, selbstberichtete Erschöpfung und unbeabsichtigter Gewichtsverlust. Die Ansammlung von Defiziten (einschließlich Hörverlust, Niedergeschlagenheit und Demenz) kann auch einen Gebrechlichkeitsindex bilden. Die klinischen Studien für Medikamente sind heutzutage ziemlich streng geworden. Seit 2004 regelt die EU-Richtlinie für klinische Prüfungen (EU-CTD, European Union Clinical Trial Directive) das Vorgehen. Sie versucht, die Fortschritte in der Grundlagenforschung in den Vorschriften anzupassen, nicht zuletzt, um den Patientenschutz zu optimieren. Ältere Patienten benötigen Schutz, da

**Abb. 10.1** Medikamente in der Entwicklung für potenzielle Anti-Aging-Effekte. Viele klinische Studien bei Senioren beinhalten den Neologismus „Geroprotektor", der seit einem Jahrzehnt verwendet wird. Die Pharmaindustrie ist bestrebt, die Seneszenz zu verzögern. Es gibt Medikamente (zum Beispiel Metformin), die für chronische Krankheiten verwendet werden und auf ihre Umwidmung zur Geroprotektion warten

sie besonders anfällig sind und Hilfe beim Ausfüllen von Fragebögen benötigen. Jeder EU-Mitgliedstaat musste die gesetzlichen Anforderungen umsetzen; ab 2022 vereinfacht und harmonisiert eine neue Verordnung klinische Studien, die für alle EU-Mitgliedstaaten verbindlich ist – wahrscheinlich auch für Geroprotektoren. Da altersbedingten Krankheiten wie Diabetes mellitus Typ 2, Parkinson und Alzheimer mehrere gemeinsame Mechanismen zugrunde liegen, müssen sich Tiermodelle auf diese konzentrieren. Eine Überprüfung von mehreren hundert Studien an Menschen und Tiermodellen zeigt gleichfalls, dass mehreren Erkrankungen immer wieder ähnliche Mechanismen zugrunde liegen. Dabei kann es sich um DNA-Schäden handeln, die beispielsweise durch freie Radikale verursacht werden, um zelluläre Seneszenz (bei der die Zellen aufhören sich zu teilen und beginnen, entzündliche Faktoren zu sezernieren); oder um Entzündung und Autophagie (der Abbau von zelleigenen, defekten Organellen und fehlgefalteten Proteinen). Dies könnte erklären, warum Menschen über 65 ein höheres Risiko als jüngere Menschen haben, mehr als eine Krankheit gleichzeitig zu entwickeln. In den Vereinigten Staaten von Amerika, zum Beispiel, werden 7 von 10 Menschen über 65 mit Diabetes an Herzkrankheiten sterben. Es wird auch immer deutlicher, dass eine altersbedingte Krankheit den Ausbruch anderer beschleunigen kann. Ältere Menschen, die an Diabetes mellitus leiden, haben mehr als doppelt so hohe Chancen, innerhalb kurzer Zeit multimorbid zu werden (z. B. Glukosurie, Herzkrankheit) [1]. Auch werden etwa ein Viertel bis die Hälfte der Menschen über 80 Jahre gebrechlich. Die Ansammlung von Defiziten erschwert es ihnen, sich von einer Infektion, einem Sturz oder anderen Stressfaktoren zu erholen. Es bleibt jedoch unklar, ob Multimorbidität zu Gebrechlichkeit führt oder umgekehrt, oder ob sie nicht miteinander verbunden sind.

Bisher hat sich die Altersforschung hauptsächlich auf einzelne Krankheiten oder die Verzögerung des Todes konzentriert. Dies bedeutet, dass die grundlegenden Mechanismen des Alterns als Ziele für die Behandlung oder Prävention mehrerer altersbedingter Zustände angesprochen werden sollten. Außerdem sind Patienten mit Multimorbidität gleichzeitig vielen Medikamenten ausgesetzt, oft mit unerwünschten Wirkungen.

## 10.2 Einigung über gewünschte Metriken

Die Bewertung von Geroprotektoren in präklinischen Studien und in der Klinik erfordert, dass pharmazeutische Forscher Attribute festlegen, um die Wirksamkeit bei Modellorganismen und Patienten zu messen. Dadurch werden die Auswirkungen von Medikamenten auf Gebrechlichkeit die Gestaltung klinischer Studien ermöglichen, die kurz und kosteneffektiv sind. So ist beispielsweise die Messung der Fähigkeit einer Person, 400 m zu gehen, der Messung der Muskelmasse vorzuziehen, da dies ihre Fähigkeit verbessert, unabhängig zu leben. Forscher sollten dann die besten Korrelate für diese Messungen in ihrer Untersuchung von Organismen identifizieren. Aus der Vielzahl routinemäßiger medizinischer Laboruntersuchungen muss ein potenziell aussagekräftiges Set von Tests zusammengestellt werden, um senile Sarkopenie am besten widerzuspiegeln oder Risikofaktoren für Amyotrophie bei gelähmten jüngeren Personen zu definieren. Für eine zukünftige gute medizinische Versorgung sind solche Myozyten-bezogenen Analyten wie Calpain, C-terminales Agrin, 3-Methylhistidin oder Cathepsin L Genotyp auf FoxO3, das Ausmaß der DNA-Methylierung und die mitochondriale Gesundheit möglicherweise geeignet. Aber diese Verbindungen sind weit davon entfernt, eine quantitative Einschätzung der Sarkopenie zu ermöglichen, und sie wurden weder in die Testliste der DO-HEALTH- noch der SENIORLABOR-Studien aufgenommen, die mit gesunden älteren Personen durchgeführt wurden. Derzeitige Bemühungen zur Diagnose altersbedingter Sarkopenie beschränken sich weiterhin hauptsächlich auf routinemäßige medizinische klinische Parameter wie Dual-Energie-Röntgenabsorptiometrie (DEXA) oder Bioimpedanz und funktionelle Tests wie Gehgeschwindigkeit und Griffstärke. Um jedoch die Arzneimittelentwicklung bei der Behandlung der nun ICD (International Classification of Diseases) – klassifizierten Sarkoidose zu motivieren, sind neuartige diagnostische Werkzeuge erforderlich, die die verbleibende Muskel- und Funktionskapazität quantifizieren, einschließlich ihrer Stoffwechselrate in Ruhe.

Warmblütige Murmeltiere, Bären, Eichhörnchen, Lemuren, Streifenhörnchen, Mäuse, Murmeltiere oder sogar Schildkröten und Eidechsen, die wissen, wie sie ihre Muskeln während des Winterschlafs erhalten, wachen im Frühling mit fast allen ihren Muskeln auf, so wie sie eingeschlafen sind. Die Muskelmasse und Muskelstärke bleiben vor und nach dem Winterschlaf oft nahezu unverändert. Meistens metabolisieren diese Tiere gespeicherte Nährstoffe, wobei Fett die am längsten anhaltende Komponente ist. Biomarker der Sarkopenie müssen grundlegende Stoffwechselmessungen umfassen, z. B. Lipoproteine, Cholesterin, Glykämie, Hämoglobin, Myoglobin, Cortisol und Laktatdehydrogenase.

Verschiedene Werkzeuge bieten einen Ausgangspunkt für die Überwachung der Resilienz bei gebrechlichen älteren Menschen. Dazu gehören qualitative Bewertungen, die durch Befragung von Personen über ihre Müdigkeit, Schmerzen und

Gewichtsverlust oder Tests, welche die Mobilität überwachen, wie Gehgeschwindigkeit oder wie lange es dauert, aufzustehen und eine bestimmte Strecke zu gehen, gewonnen werden. Die Regulierungsbehörden sind besonders geneigt, die „Verbesserung der Mobilität" als Ziel zu akzeptieren. Mobilität/Angst vor dem Fallen sind gute Prädiktoren für Behinderung, Krankenhausaufenthaltsdauer, Sterblichkeit und Gesundheitsausgaben.

## 10.3 Sofortige Maßnahmen

Proof-of-Concept-Studien könnten den Wert von Geroprotektoren als Resilienzverstärker bei gebrechlichen Patienten innerhalb des nächsten Jahrzehnts demonstrieren. Wir bitten die Industrie, akademische Wissenschaftler und Regulierungsbehörden, wie die US-amerikanische Federal Drug Agency und die Europäische Arzneimittelagentur, zusammenzuarbeiten, um präklinische Tests und klinische Studien bei gebrechlichen Patienten mit Erkrankungen wie chronisch obstruktiver Lungenerkrankung, Hüftfrakturen und Krebs sofort durchzuführen – noch bevor standardisierte Definitionen von Gebrechlichkeit und Multimorbidität ausgearbeitet werden. Viele Faktoren haben verhindert, dass Entdeckungen über Geroprotektoren das Leben der Patienten verändern. Dazu gehört die Notwendigkeit, dass viele Interessengruppen zusammenarbeiten, die Tendenz der Industrie, sich auf den kurzfristigen Fokus zu konzentrieren, und die Art und Weise, wie die Leistung der Forscher bewertet wird (z. B. die Anzahl der veröffentlichten Artikel wiegt schwerer als die Zeit, die damit verbracht wird, der Gemeinschaft bei der Etablierung von Definitionen zu helfen). Angesichts einer immer älter werdenden Bevölkerung und den Sozial- und Gesundheitssystemen vieler Nationen, die kurz vor der Krise stehen, müssen wir einen anderen Ansatz verfolgen. Die Pharmaindustrie ist heutzutage damit beschäftigt, effiziente Geroprotektoren zu entwickeln, d. h. Medikamente, die das Altern verzögern. Zusätzliche biotechnologische Techniken wecken die Hoffnung, dass Geroprotektoren mit dem bereits etablierten senilen Organismus Schritt halten. Selbst aktuelles Wissen geht einer wirksamen Geroprotektion, sagen wir um 20 Jahre voraus. Wir sehen, dass die Biotechnologie zu einem Game Changer im aktuellen Arzneimittelarsenal (wie Ginkgo-Derivate, Poly-Vitamin-Präparate, um mit Hautfalten umzugehen oder Falten mit retinolhaltigen Cremes zu bekämpfen), gegen das Altern wird. Es geht auch anders, so wird gesagt, dass die US-Schauspielerin Sarah Jessica Parker (*1965) Faltenbekämpfungsmittel ablehnt, weil sie das Altern „erlauben" möchte.

Zahlreiche Kliniken bieten Verjüngungsbehandlungen an – ihr Hauptwirkstoff ist Hyaluronsäure, die sie zur Hautverjüngung, zur Körperformung und für andere Anwendungen einsetzen – der Fantasie sind keine Grenzen gesetzt – bis hin zum Zähneknirschen. Die Koordination zwischen Wachstum und Rückbildung ist mit der Verfügbarkeit ausgewählter Nährstoffe verbunden. Der Mechanistic Target of Rapamycin (mTOR)-Signalweg ist der wichtigste nährstoffabhängige Regulator des Wachstums bei Tieren und spielt eine zentrale Rolle in der Physiologie und im Alterungsprozess. Als Teil verschiedener Komplexe, TORC1 und mTORC2, ist mTOR der zentrale Regulator der Massenakkumulation und das entscheidende Bindeglied zwischen der Verfügbarkeit von Nährstoffen in der Umwelt und der Kontrolle anaboler und kataboler Prozesse. Der mTOR-Signalweg integriert Umweltreize, wie Wachstumsfaktorsignale und den Ernährungsstatus, um das Zellwachstum eukaryotischer Zellen und, wie wir mit zunehmender Überzeugung wissen, alternder Zellen zu steuern [2]. Die Kartierung der mTOR-Signallandschaft hat gezeigt, dass mTOR die Biomasseakkumulation und den Stoffwechsel durch die Modulation wichtiger zellulärer Prozesse, einschließlich der Proteinsynthese und Autophagie, kontrolliert. Angesichts der zentralen Rolle des Signalweges bei der Aufrechterhaltung der zellulären und physiologischen Homöostase wurde eine Dysregulation der mTOR-Signalgebung mit Stoffwechselstörungen, Neurodegeneration, Krebs und Alterung in Verbindung gebracht. In einem kürzlich veröffentlichten Review hob Blagosklonny die jüngsten Fortschritte im Verständnis der komplexen Regulation des mTOR-Weges hervor. Er diskutierte seine Funktion in der Physiologie, menschlichen Krankheiten und pharmakologischen Interventionen [3].

Nährstoffe signalisieren an mTORC1 durch die lysosom-assoziierten Rag-GTPasen und deren Regulatoren sowie assoziierte zytosolische und lysosomale Nährstoffsensoren. Bei Krebs und Epilepsie ist die mTOR-Signalübertragung dereguliert und, wie wir jetzt wissen, auch bei Seneszenz. Der Einsatz von mTORC1-Inhibitoren zur Behandlung von Krebs und neurologischen Erkrankungen und möglicherweise zur Verbesserung der Gesundheit und der Lebenserwartung wird mit Spannung erwartet [4].

Einfach die Lebensspanne zu verlängern, reicht nicht aus. Wir brauchen Maßnahmen und Behandlungen, die die Widerstandsfähigkeit gegenüber verschiedenen altersbedingten Krankheiten erhöhen und die androhende Gebrechlichkeit auf ein Minimum reduziert. Das Unternehmen LIFE EXTENSION („gesund bleiben, besser leben", www.lifeextension.com) unterhält einen Labortestservice mit fast 200 Einträgen, die versuchen, den Seneszenzprozess zu quantifizieren und entsprechend zu behandeln. Sie bieten eine Reihe biochemischer Verbindungen an, wie Zinkkapseln, Vitamin D3 und N-Acetyl-L-Cystein, und schreiben ihnen eine positive Wirkung auf ein langes und gesundes Leben zu. Ein vielversprechender Wirkstoff gegen das Altern könnte Dasatinib sein. Laborversuche an älteren Mäusen zeigten, dass sich die Zahl gealterter Zellen reduzieren lässt und dadurch das Leben von Mäusen verlängert werden konnte. Dasatinib ist somit ein senolytisches Medikament.

Auch der Umnutzung zugelassener Medikamente zur Behandlung altersbedingter Krankheiten wurde Aufmerksamkeit geschenkt. Zum Zeitpunkt dieses Schreibens war das 12. Aging Research and Drug Discovery Meeting in Dänemark geplant (http://agingpharma.org). Weniger Beachtung wird oft natürlichen bioaktiven Verbindungen geschenkt, welche die Autophagie unterstützen. Autophagie, d. h. das Entfernen älterer Zellen durch den Organismus, ist ein grundlegender biologischer Vorgang, der mit dem Altern verbunden ist. Zahlreiche Strategien zur Förderung der Autophagie haben in Tierversuchen gezeigt, dass sie die Lebensspanne verlängern. Mehrere natürliche Produkte sollen die Autophagie modulieren. Unter diesen sind Urolithin A, Spermidin, Resveratrol (enthalten in Rotwein), Fettsäuren und Phospholipide, Trehalose und Lithium (Abb. 10.2).

**Abb. 10.2** Resveratrols einfache Formel. Resveratrol ist ein Stilbenoid, ein natürliches Phenol, das in Rotwein enthalten ist, und ein Phytoalexin, das von mehreren Pflanzen als Reaktion auf Verletzungen oder wenn die Pflanze von Krankheitserregern wie Bakterien oder Pilzen angegriffen wird, produziert wird. (Quellen von Resveratrol in Lebensmitteln sind die Haut von Trauben, Blaubeeren, Himbeeren, Maulbeeren und Erdnüssen)

**Abb. 10.3** Haltung entfernt uns vom alt aussehen. Diese Illustration zeigt einen älteren Mann, der an einem Tisch sitzt, einmal links, aufrecht in perfekter Haltung, gut gekleidet und gepflegt, soigné. Dieselbe Person, die rechts sitzt, zeigt ihn gebeugt und zusammengesunken. Dieser Mann erweckt den Eindruck, älter und gebrechlicher zu sein. Die Haltung von uns Menschen bestimmt unser Maß an Seneszenz, wie es von einem Beobachter beurteilt wird. Tu ne cede malis (senectute!), sed contra audentior ito (Vergil, Aeneis V > I, 95). (Gezeichnet von www.bilderkram.ch)

Lassen Sie uns mit der Idee des französischen Arztes Benoit Lesage (*1963) abschließen, der uns über die Körperhaltung lehrt. Er sagt uns, dass die menschliche Haltung (Kap. 6) alles ist, was es gibt. U. Nydegger misst 1,90 m und seine Mutter sagte immer: „Urs, halte dich aufrecht!" Dr. méd. Lesage lehrt uns; Haltung ist eine Aktivität, nicht ein Zustand (Abb. 10.3).

## Literatur

1. Sanz-Cánovas J, López-Sampalo A, Cobos-Palacios L, Ricci M, Hernández-Negrín H, Mancebo-Sevilla JJ et al (2022) Management of type 2 diabetes mellitus in elderly patients with frailty and/or sarcopenia. Int J Environ Res Public Health 19(14):8677
2. Lung T, Di Cesare P, Risch L, Nydegger U, Risch M (2021) Elementary laboratory assays as biomarkers of ageing: support for treatment of COVID-19? Gerontology [Internet] 67(5):503–516. https://doi.org/10.1159/000517659
3. Blagosklonny MV (2019) Rapamycin for longevity: opinion article. Aging (Albany NY) 11(19):8048
4. Sabatini DM (2017) Twenty-five years of mTOR: uncovering the link from nutrients to growth. Proc Natl Acad Sci USA 114(45):11818–11825

# Hannibal ante portas

*Cupidus Rerum Novarum*
*Misce stultitiam consiliis breve*
*Füge der Weisheit etwas Torheit hinzu*

*(Horaz, Ode 12 des Buches IV)*

## 11.1 Hoffnungsvolle oder gefährliche Zukunft

Was ist, wenn die Verlangsamung der Seneszenz und Verjüngung wahr wird? Im 2. Punischen Krieg hatte die Bevölkerung des antiken Roms Angst, als der karthagische Kommandant Hannibal und seine Krieger an den Stadtrand von Rom kamen, *ante portas*: – vor den Toren.

Wir laden die Leser:in dieses Buches ein, sich die Ankündigung einer erschreckenden Zukunft vorzustellen, in der ein Teil von auserwählten Menschen mit bösen Absichten über längere Zeiträume existieren würde.

*Habent sua fata libelli*, (Bücher haben ihre Bestimmung)

# Anhang

*A quibus ergo accipiemus*
Wer wird uns geben

(Seneca, *De Beneficiis* (II–XVIII))

# Glossar

**Ageing Clock (Alterungsuhr)** Molekularbiologischer Test welcher altersbedingte Marker, z. B.: das Ausmaß der DNA-Methylierung nutzt, um das biologische Alter (BA) oder die Alternsrate zu messen

**cfDNA** Zellfreie DNA, ziemlich reichlich vorhanden, von Zellkernen freigesetzte DNA

**DALY (Disability-adjusted life years)** Behinderungsbereinigte Lebensjahre; Begriff, seit die Geriatrie die Seneszenz in Stufen einteilt

**Delayer („Verzögerer")** Jemand zwischen 80 und 100 Jahren

**Demenz** Verlorene Kognition

**DNA oder Desoxyribonukleinsäure** Erbliches Material in Pflanzen, Tieren und Menschen.

Fast jede Zelle im Körper einer Person hat die gleiche DNA.

**Escaper („Entkommer")** Ein Hundertjähriger, jemand der sogar ein hohes Alter überschreitet

**GWAS (Genome wide association study)** Genomweite Assoziationsstudie: welches Gen mit welcher Krankheit assoziiert ist

**Geroprotektor** Medikamente zur Verzögerung der Seneszenz, biologisches Altern verzögert

**HPLC (High-power liquid chromatography)** Hochleistungsflüssigkeitschromatografie, eine Technik zur Trennung verschiedener Chemikalien voneinander

**Immunoseneszenz** Biologisches Altern der humoralen und zellulären Immunität

**Juvenescence** Richtung Jugend, Jugendlichkeit, bisher eine Spekulation

**LINE (Long Interspersed Nuclear Element)** Repetitive, transponierbare DNA-Sequenzen (Retrotransposons), mobile DNA-Elemente

**MALDI TOF** Abkürzung für **M**atrix-**a**ssisted **l**aser **d**esorption/ **i**onisation **t**ime **o**f **f**light. Dies ist ein empfindliches Verfahren zur Identifizierung von Infektionserregern oder (Bio)-Polymere anhand ihres Proteinspektrums.

**mDNA oder DNAm** Methylierte DNA

**Methylierung** Dekoration (der DNA) mit – CH3

**Mitophagie** Abbau von Mitochondrien durch Autophagie

**MRD** Minimal residual disease, bezeichnet eine kleine Anzahl von Krebszellen, die während oder nach der Behandlung in einer Person verbleiben, wenn sich der Patient in Remission befindet

**NAD (Nicotine amide dinucleotide)** Nikotinamid-Dinukleotid, beteiligt an der DNA-Reparatur.

**Opsonisierung** Zellen und Oberflächen mit Proteinen überziehen, um sie für die Phagozytose vorzubereiten

**Phagozytose** Aufnahme, z. B. Zellen, die opsonisiertes Material, z. B. Mikroben, aufnehmen

**Prädemenz** Richtung Verlust der Kognition

**Rapamycin** Medikament der Gruppe Immunsuppressiva, mTOR-Inhibitor, umgewidmetes Medikament für Menschen, das auch zur Verjüngung von Mäusen verwendet wird

**Referenzintervall (RI)** Werte-Bereich „normaler" Labortests in der medizinischen Diagnostik

**SASP (Senescence-associated secretory phenotype)** Seneszenz-assoziierter sekretorischer Phänotyp, sekretorische Zellalterung

**Seneszenz** Biologisches Altern – anders als chronologisches Altern

**Senolytika** Medikamente, die seneszente Zellen entfernen

**Stammzelle (Stem cell)** Ursprung differenzierter Zellen; Ziel der Verjüngung

**Stammzell-Engraftment (Stem cell engraftment)** Transplantierte Stammzellen wandern vom Blut ins Knochenmark, wo sie beginnen, neue weiße Blutkörperchen zu bilden

**Survivor („Überlebender")** Jemand, der 80 Jahre alt wird

**TOR (Targets of rapamycin)** Ziele von Rapamycin, Strukturen auf Zelloberflächen, die Rapamycin binden

If you have any concerns about our products,
you can contact us on
**ProductSafety@springernature.com**

In case Publisher is established outside the EU,
the EU authorized representative is:
**Springer Nature Customer Service Center GmbH
Europaplatz 3, 69115 Heidelberg, Germany**

Printed by Libri Plureos GmbH
in Hamburg, Germany